高等职业教育（本科）机电类专业系列教材

# CAD二次开发

广州中望龙腾软件股份有限公司　组编
主　编　党小迪　李　晋
副主编　冯光升
参　编　谢　鹏　陈才杰　毛善友　程雪峰　易　立
　　　　吕宏武　郑文祺　王　青　廖金深

机械工业出版社

本书介绍在中望 CAD 环境下进行二次开发的主要方法和关键技术，内容主要有两部分：第一部分是基础操作篇，包括搭建二次开发环境、直接段绘制与属性修改、圆弧和文字的创建、几何变换、尺寸标注和引线绘制、块操作六章内容；第二部分是高级操作篇，包括界面设计和用户交互两章内容。通过本书的学习，学生可掌握 CAD 二次开发的基础操作和高级操作，培养专业兴趣，对 CAD 二次开发技术打下良好基础，助力后续机械工业软件应用的学习和职业规划。

本书采用"校企合作"模式编写，内容以实践为基础，更生动、易懂，帮助学生建立 CAD 二次开发的初步概念，同时运用了"互联网+"形式，方便读者理解相关知识，进行更深入的学习。

本书既可作为高等职业教育本科机械设计制造及自动化专业"机械工业软件应用开发"课程的教材，又可作为 CAD 二次开发技术岗位培训教材，还可作为相关技术人员的参考资料。

为便于教学，本书配套有课程标准、电子课件、电子教案、微课视频、习题答案、题库、源代码等教学资源，凡选用本书作为授课教材的教师均可登录机械工业出版社教育服务网（www.cmpedu.com），注册后免费下载。

## 图书在版编目（CIP）数据

CAD二次开发 / 广州中望龙腾软件股份有限公司组编；党小迪, 李晋主编. -- 北京：机械工业出版社, 2025.6. -- (高等职业教育（本科）机电类专业系列教材).
ISBN 978-7-111-78776-1

Ⅰ. TP391.72

中国国家版本馆 CIP 数据核字第 20255QC837 号

机械工业出版社（北京市百万庄大街22号　邮政编码100037）
策划编辑：黎　艳　　　　责任编辑：黎　艳
责任校对：龚思文　李小宝　封面设计：鞠　杨
责任印制：刘　媛
北京富资园科技发展有限公司印刷
2025年8月第1版第1次印刷
184mm × 260mm・8.25印张・197千字
标准书号：ISBN 978-7-111-78776-1
定价：35.00 元

电话服务　　　　　　　　网络服务
客服电话：010-88361066　　机　工　官　网：www.cmpbook.com
　　　　　010-88379833　　机　工　官　博：weibo.com/cmp1952
　　　　　010-68326294　　金　书　　　网：www.golden-book.com
封底无防伪标均为盗版　　　机工教育服务网：www.cmpedu.com

# 前言

企业在产品设计和生产制造过程中，总会出现一些特定的领域需求，通用的 CAD 软件可能无法满足。为满足这些需求，可利用 CAD 二次开发技术，改造现有的 CAD 软件，增加一些特定功能。CAD 二次开发技术已经在很多领域广泛应用，如建筑设计、机械设计、电子设计等。

CAD 二次开发是指根据用户需求在 CAD 软件基础上实现的软件定制化开发。ZWCAD 是广州中望龙腾软件股份有限公司（以下简称中望）开发的一款复杂的计算机辅助设计系统，用户可以对其进行二次开发控制，让它更加适用于某一具体的设计领域。例如，用户在产品设计过程中，只需一个命令就可以运行程序，自动完成某些图形的绘制过程。使用 ZWCAD 不仅可以大大提高设计效率，还可以通过定制完成某些专业化的功能模块，甚至是大型设计软件。

通过本课程学习，学生可掌握 CAD 二次开发的基础操作和高级操作，培养专业兴趣，为掌握 CAD 二次开发技术（研发设计方向）打下良好的基础，助力后续工业软件设计的学习和职业规划。

本书根据高等职业院校学生的认知特点，对 CAD 二次开发技术专业岗位能力、技术知识进行了分析和阐述。本书内容深入浅出，图文并茂，内容丰富，既有 CAD 二次开发的基础操作，又有一定难度和复杂度的高级操作。

本书包含基础操作篇和高级操作篇两部分：

基础操作篇，介绍了 CAD 二次开发的基础操作，主要包括搭建二次开发环境、直线段绘制与属性修改、圆弧和文字的创建、几何变换、尺寸标注和引线绘制、块操作六章内容。

高级操作篇，介绍了 CAD 三次开发的高级操作，包括界面设计和用户交互两章内容。

本书由广州中望龙腾软件股份有限公司组编，由党小迪、李晋任主编，冯光升任副主编，谢鹏、陈才杰、毛善友、程雪峰、易立、吕宏武、郑文祺、王青、廖金深参与编写。本书在编写过程中得到了多位同行、工业软件专业人士的鼓励、帮助和支持，也参考了大量参考资料和文献，在此一并表示感谢。

由于编者水平有限，书中难免有不妥之处，恳请广大读者批评指正。

编　者

# 二维码清单

| 名称 | 图形 | 名称 | 图形 |
|---|---|---|---|
| 1-1 搭建开发环境 | | 3-3 创建椭圆和椭圆弧 | |
| 2-1 创建应用程序 | | 3-4 创建文字 | |
| 2-2 创建直线 | | 4-1 几何变换 | |
| 2-3 多线段创建 | | 4-2 复制实体 | |
| 2-4 属性修改 | | 4-3 实体阵列 | |
| 3-1 创建圆 | | 4-4 曲线偏移 | |
| 3-2 创建圆弧 | | 5-1 创建长度尺寸标注 | |

（续）

| 名称 | 图形 | 名称 | 图形 |
| --- | --- | --- | --- |
| 5-2 直径与半径标注 | | 7-2 创建自定义面板 | |
| 5-3 角度标注 | | 7-3 添加和修改菜单栏 | |
| 5-4 引线绘制 | | 7-4 添加和修改工具栏 | |
| 6-1 创建块 | | 8-1 cade 函数和结果缓冲区 | |
| 6-2 插入块 | | 8-2 数据输入 | |
| 6-3 属性块 | | 8-3 选择实体 | |
| 7-1 创建对话框 | | | |

# 目录

前言
二维码清单

## 基础操作篇

第一章　搭建二次开发环境 ······················································································ 2
第二章　直线段绘制与属性修改 ················································································ 16
　任务一　创建直线 ······························································································ 19
　任务二　创建多段线 ·························································································· 25
　任务三　修改属性 ······························································································ 28
第三章　圆弧和文字的创建 ······················································································ 33
　任务一　创建圆 ·································································································· 37
　任务二　创建圆弧 ······························································································ 40
　任务三　创建椭圆 ······························································································ 42
　任务四　创建文字 ······························································································ 44
第四章　几何变换 ···································································································· 47
　任务一　平移、缩放、旋转、镜像变换 ······························································ 48
　任务二　复制实体 ······························································································ 51
　任务三　阵列实体 ······························································································ 52
　任务四　曲线偏移 ······························································································ 54
第五章　尺寸标注和引线绘制 ··················································································· 58
　任务一　长度尺寸标注 ······················································································· 59
　任务二　直径标注和半径标注 ············································································· 62
　任务三　角度标注 ······························································································ 64
　任务四　引线绘制 ······························································································ 65
第六章　块操作 ········································································································ 69
　任务一　创建块 ·································································································· 71
　任务二　插入块 ·································································································· 73
　任务三　属性块 ·································································································· 76

## 高级操作篇

**第七章　界面设计** ·············································································· 84
　任务一　创建自定义对话框 ································································ 86
　任务二　创建自定义面板 ···································································· 89
　任务三　添加和修改菜单栏 ································································ 94
　任务四　添加和修改工具栏 ································································ 98

**第八章　用户交互** ·············································································· 102
　任务一　acedCommand 函数和结果缓冲区 ········································ 104
　任务二　数据输入 ·············································································· 109
　任务三　选择实体 ·············································································· 115

**参考文献** ····························································································· 121

# 基础操作篇

# 第一章 搭建二次开发环境

计算机辅助设计（computer aided design，CAD）软件在制造行业有着广泛的应用，是机械、建筑等专业必备的设计软件。在实际工程设计中，常常要面对各种设计需要，CAD软件已有功能有时会较难满足企业某些定制化需求，二次开发功能可帮助开发者在已有CAD平台上开发出新的功能。总的来说，CAD二次开发是以CAD系统为基础平台，研制开发符合国家标准、适合企业实际应用的用户化、专业化、集成化软件。

学习CAD二次开发既可以帮助机械、建筑类设计人员更好地去设计产品，也可以帮助软件工程相关专业人员在实际的场景中学习编程知识，更好地去开发各种具体功能，从而满足更多需求。本章将学习如何搭建二次开发的环境，为之后的程序编写打下基础。

**知识目标**

1) 了解CAD二次开发的含义、应用场景。
2) 了解ZWCAD二次开发工具ZRX。
3) 了解ZRX所依托的开发平台Visual Studio。
4) 熟记ZRX程序的已有函数及功能。

**技能目标**

1) 能够搭建ZRX开发环境。
2) 能够使用向导创建ZRX工程。
3) 能够在ZWCAD中加载和卸载ZRX程序。

**素质目标**

1) 具备一定的专业学习能力，例如建立对CAD二次开发功能的基本认识。
2) 具备分析复杂工程问题的能力，例如掌握ZRX在ZWCAD二次开发中发挥的功能。
3) 具备解决复杂工程问题的能力，例如建立对第一个ZRX程序文件组成和各个函数功能的认识。

## 知识讲解

### 一、CAD 二次开发

CAD 二次开发需要以 CAD 软件为基础，本书将以中望 CAD（ZWCAD）为依托平台讲解 CAD 二次开发基本知识。ZWCAD 是中望自主研发的二维 CAD 软件，它具备良好的运行速度和稳定性，是我国应用最为广泛的 CAD 绘图软件之一。它提供了多种功能强大的 CAD 二次开发工具，支持不同场景的应用，可以满足不同行业的需求。

本书还将使用中望提供的基于 Visual C++ 的 ZRX 二次开发工具包实现 CAD 二次开发。它通过动态链接库的方式加载到 ZWCAD 中，拥有与 ZWCAD 自身几乎相同的编程接口和控制能力，是目前最为强大的 CAD 二次开发方式。这种开发方式难度大，但是程序运行的效率高。因受制于 Visual C++ 是编译型的开发环境，所以需要针对特定的 ZWCAD 版本编译程序。

### 二、ZRX 概述

ZRX（ZWCAD runtime extension）是一个以 C++ 语言为基础、面向对象的开发环境和应用程序接口。ZRX 程序本质上是 Windows 动态链接库（dynamic link library，DLL）。动态链接库是基于 Windows 程序设计的一个非常重要的组成部分。在建立应用程序的可执行文件时，不是将 DLL 链接到程序中，而是在运行时动态加载 DLL，装载时 DLL 被映射到进程的地址空间中。

ZRX 作为 Visual C++ 的动态链接库，与其他的动态链接库有着很大的区别。Visual C++ 当中的其他动态链接库都是严格以 C++ 语言为基础的，是作为 Visual C++ 的一个模块程序。而 ZRX 程序在 C++ 语言的基础上规定了自己的语法，是专门用来对 ZWCAD 进行二次开发的工具。

#### （一）ZRX 功能简介

ZRX 能够完成的工作如下：

1）访问图形数据库，能够添加、修改和删除图形数据库中的所有元素，包括实体和对象。

2）与 ZWCAD 编辑器通信，可以通过注册命令来增加 ZWCAD 的功能，这些命令与 ZWCAD 内部命令共享地址空间，也可以接收和处理 ZWCAD 中的各种事件。

3）使用 MFC⊖ 创建用户界面，拥有强大的用户界面创建能力，还能利用 ZRX 提供的 MFC 封装类创建与 ZWCAD 风格一致的用户窗体。

4）支持 MDI⊖，可以访问 ZWCAD 的文档接口，实现新建文档、打开文档、文档切换等功能。

---

⊖ 微软基础类（microsoft foundation classes，MFC）是微软公司提供的一个类库（class libraries，以 C++ 类的形式封装了 Windows 的应用程序接口（application program interface，API），并且包含一个应用程序框架，以减少应用程序开发者的工作量。

⊖ 多文档界面（multiple document interface，MDI），与其对应的有单文档界面（single document interface，SDI）。它是微软公司从 Windows 2.0 下的 Microsoft Excel 程序开始引入的。Microsoft Excel 用户有时需要同时操作多份表格，MDI 正好为这种操作多表格提供了很大的方便，于是就产生了 MDI 程序。

5）创建自定义类，可以实现自定义对象、自定义实体，这是 ZRX 二次开发中最精华的部分。

## （二）ZRX 的优点

使用 ZRX 进行二次开发，具备以下优点：

1）全面支持面向对象的 C++编程，能充分利用 C++编程方法的一切优点。

2）ZRX 应用程序本身就是一个动态链接库，可直接调用 ZWCAD 的核心函数，还可以直接访问 ZWCAD 数据库的核心数据结构和代码，以便能够在运行期间扩展 ZWCAD 固有的类及其功能，创建能够全面使用 ZWCAD 固有命令特权的新命令。

3）ZRX 应用程序可以直接访问 ZWCAD 的数据结构和图形系统，即在 ZWCAD 编辑环境下的所有动作在 ZRX 应用程序中都可实现，在 ZWCAD 编辑环境下不能实现的行为也可以基于 ZRX 通过定制化二次开发实现。

4）移植性好，Visual C++开发的 ZRX 可以移植到其他软件上去。

5）ZRX 和 ZWCAD 共享内存空间，在执行时可节省数据 I/O 时间，提高运行效率，以满足对运行速度要求高的应用场景。

## （三）ZRX 的典型应用

使用 ZRX 工具包可以生成 ZWCAD 可识别的 .zrx 程序。下面通过实际案例介绍 ZRX 程序在 ZWCAD 中的功能。

根据行业规范要求以及输入条件，自动生成图形结果，这是 ZRX 程序最为广泛的应用，传统的参数化绘图也属于这个范畴。

图 1-1 所示为使用 ZRX 开发的自动齿轮设计界面。在机械设计中，它按照国家标准要求自动生成齿轮的程序。用户可以在界面中输入齿数、厚度、螺旋角等参数，实现自动生成齿轮图形。

使用 ZRX 工具包在 ZWCAD 上实现游戏的案例如图 1-2 和图 1-3 所示。可以看出，使用 ZRX 工具包可以在 ZWCAD 中实现很多趣味功能。

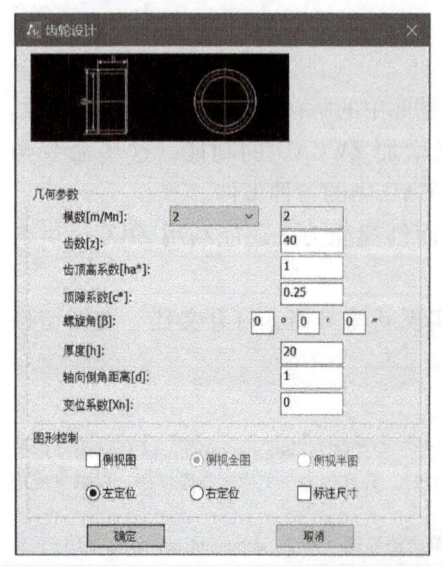

图 1-1　使用 ZRX 开发的自动齿轮设计界面

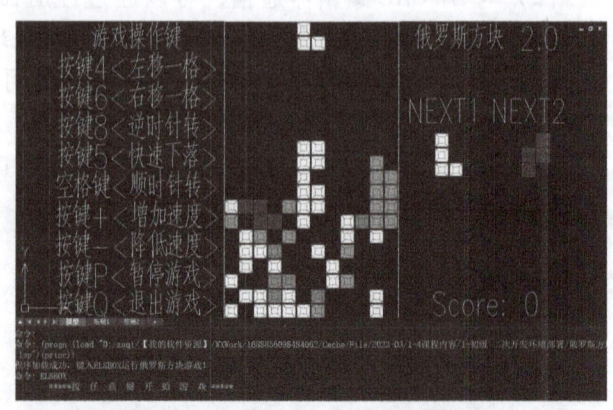

图 1-2　游戏在 ZWCAD 中的运行效果（1）

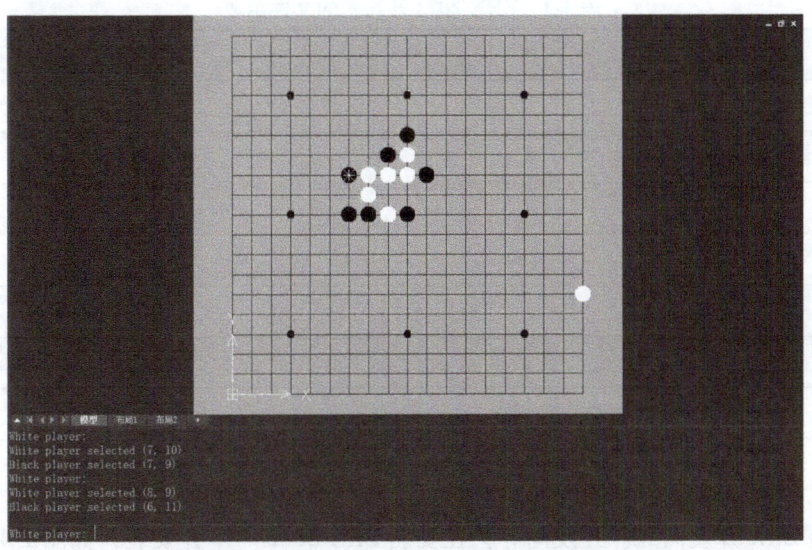

图 1-3　游戏在 ZWCAD 中的运行效果（2）

## 三、搭建 ZRX 开发环境

### （一）ZRX 开发环境说明

首先要确定目标平台，选择适当的开发环境。若是在 ZWCAD 2022 平台上开发，需要安装下面的工具和软件：

1）ZWCAD 2022 中文版或英文版。

2）Visual Studio 2017 15.9 或以上版本。

3）ZRX 2022 开发包。

ZRX 开发包的版本和 ZWCAD 的版本是对应的，每个版本的 ZWCAD 都有不同的 ZRX 开发包。鉴于应用程序兼容性方面的考虑和 ZWCAD 自身开发平台的迁移特点，ZWCAD 规定相邻的三个 ZWCAD 版本兼容，如使用 ZRX 2020 开发的 ZRX 文件能够在 ZWCAD 2018、ZWCAD 2019 和 ZWCAD 2020 三个版本上运行。

本任务以 Visual Studio 2017 和 ZRX 2022 为例介绍 ZRX 开发环境的构建，包括开发包的获得、开发包的组成部分、ZRX 向导的安装。其他版本的环境和配置方式可以参考这一部分的内容进行配置。

### （二）ZRX 开发环境搭建步骤

本书大部分程序基于 ZWCAD 2022 中文版，构建的开发环境为"Visual Studio 2017+ZWCAD 2022 中文版+ZRX 2022"。ZRX 开发环境搭建步骤如下：

1）安装 ZWCAD 2022 中文版和 Visual Studio 2017。软件的安装可以参考微软官方的说明文件，此处不再赘述。

2）获得 ZRX 2022 开发包。可以到中望官方网站下载开发包，安装后在安装目录下能够得到一系列文件夹，文件的组成见表 1-1。

表 1-1 ZRX 2022 开发包的文件组成

| 文件名 | 主要组成 |
| --- | --- |
| Inc | 各种头文件 |
| lib-Win32/lib-x64 | 各种库文件 |
| Arxport | 兼容 ZRX 的头文件 |
| Doc | 程序文档 |
| Samples | 示例程序 |
| utils | 扩展库 |
| Classmap | 类派生的关系图 |
| Tools | 向导安装包 |

3）安装 ZRX 开发向导。开发向导会在安装 ZRX 2022 时一并安装，如图 1-4 所示。

如果开发向导没有自动安装，可以在 ZRX 2022 的 Tools 目录里找到 ZRX 开发向导的安装文件，文件名为 ZRX Wizard Setup.exe，进行手动运行安装。

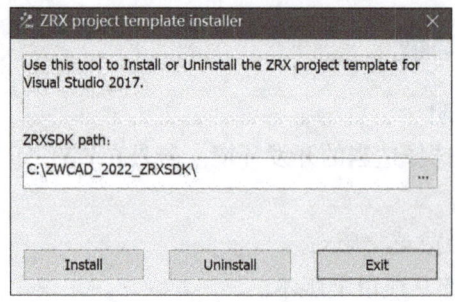

图 1-4 ZRX 开发向导安装界面

此时，已经完成 ZRX 开发环境的搭建，可以通过以下操作来验证安装是否成功：启动 Visual Studio 2017，选择文件（File）→新建（New）→项目（Project）菜单项，系统会弹出对话框，检查项目列表中是否包含模板"ZRX project for ZWCAD2022"，如图 1-5 所示。

虽然本书介绍的是 ZRX 2022，但是 ZRX 的开发包除若干全局函数的名称和类的数量有所变化之外，总体构架没有太大改变，因此本书的绝大部分实例稍加更改后即可运行于 ZRX 各个版本。

### 四、使用向导创建第一个程序

完成二次开发环境搭建后，下面尝试新建一个项目并加载运行该项目，具体步骤如下：

1）启动 Visual Studio 2017。选择文件（File）→新建（New）→项目（Project），系统会弹出图 1-5 所示的对话框。从项目列表中选择"ZRX project for ZWCAD2022"选项，在这里将第一个项目命名为"HelloWorld"，要实现的效果是在 ZWCAD 中打印"Hello, World!"，选择适当的保存位置，单击"OK"按钮。

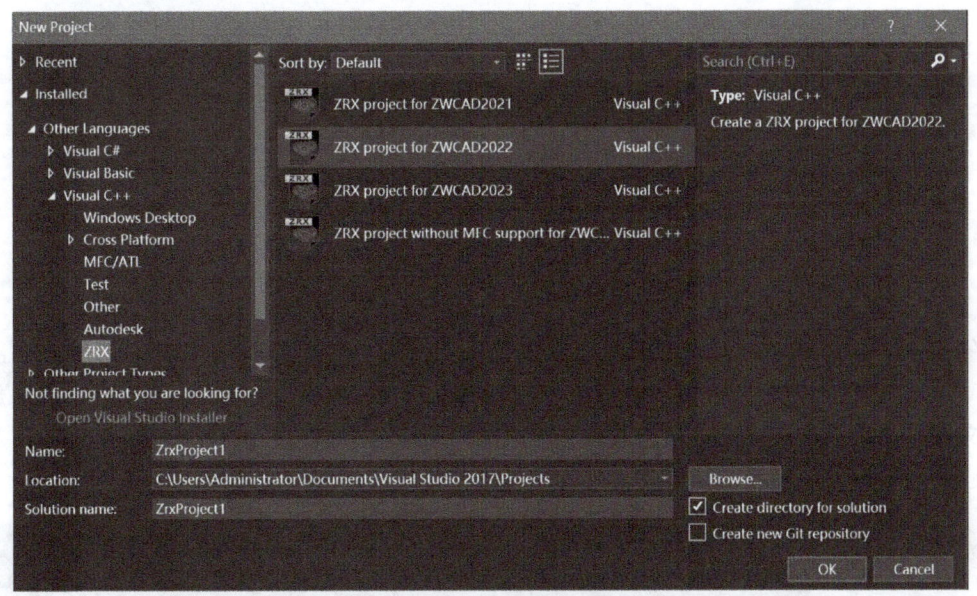

图 1-5　ZRX 项目模板

2）系统会弹出图 1-6 所示的对话框。这里需要确认 ZWCAD 2022 路径准确无误，再单击"OK"按钮。如果路径错误，会导致运行不成功。

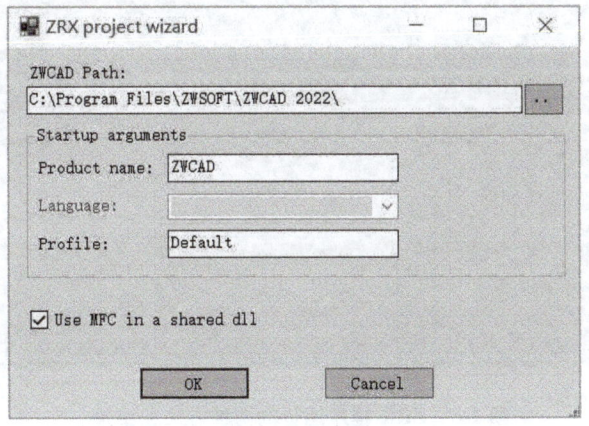

图 1-6　安装对话框

3）项目创建已完成。选择项目（Project）→属性（Properties）菜单项，在项目属性对话框中切换到调试（Debugging）选项卡，在控制（Command）选项中指定 ZWCAD 2022 的位置，如图 1-7 所示。至此，在调试程序时会自动启动 ZWCAD 2022。

### 五、ZRX 应用程序的加载和运行

加载 ZRX 应用程序可以通过三种方法，分别是使用 APPLOAD 命令加载、直接拖放 ZRX 文件加载和使用 zwcad.rx 文件实现自动加载。

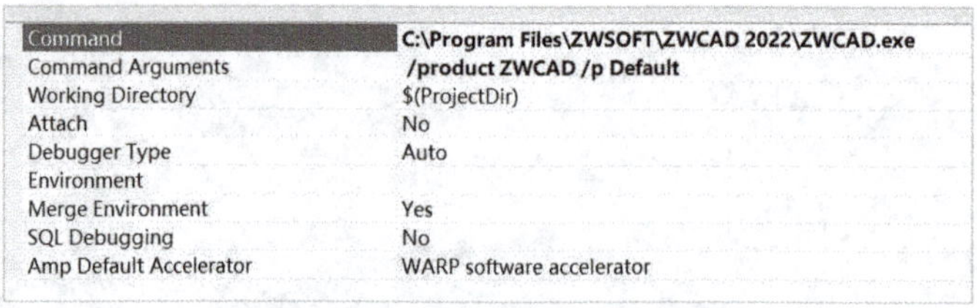

# CAD 二次开发

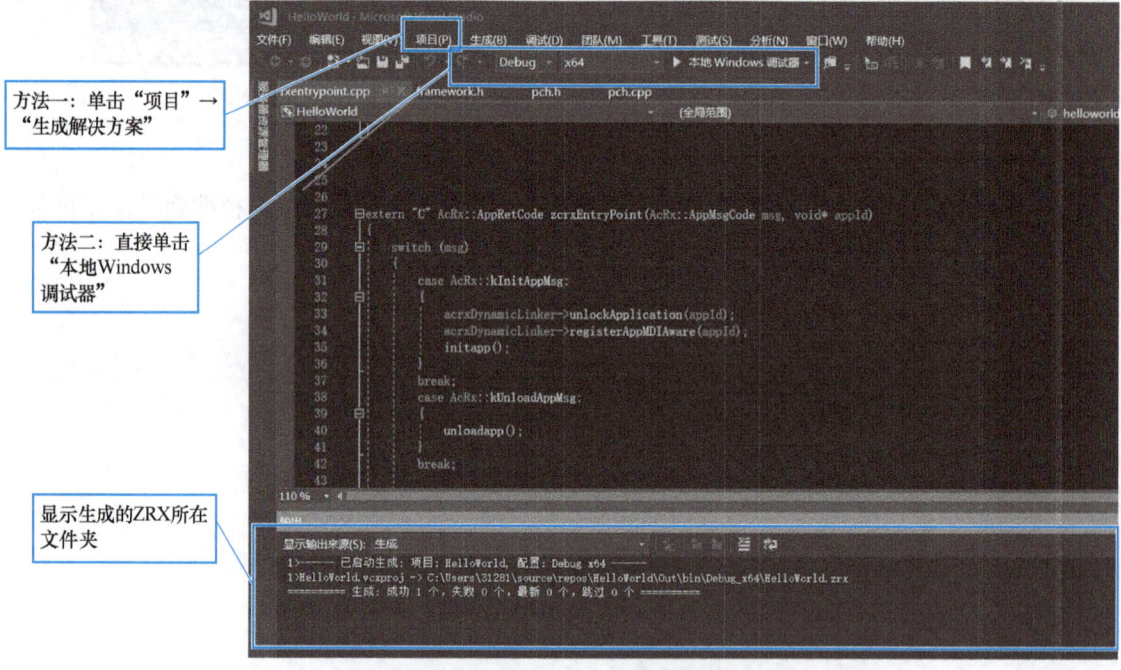

图 1-7 调试选项卡

在 Visual Stutio 2017 中新建 ZRX 项目并写入代码后，可以单击"项目"→"生成解决方案"，如果编译没有问题则可以在相应文件夹中得到生成的 .zrx 文件，打开 ZWCAD 并加载 ZRX 文件即可以成功运行。还可直接单击"本地 Windows 调试器"自动打开 ZWCAD，加载 ZRX 程序后也可以成功运行，如图 1-8 所示。

图 1-8 ZRX 程序运行的两种方法和结果

这两种方法打开 ZWCAD 后都要加载 .zrx 文件才能正确输入命令，得到相应的显示。下面将演示使用不同方法加载和运行 ZRX 应用程序的操作步骤。

### 1. 使用 APPLOAD 命令加载

1）在 ZWCAD 2022 命令框中输入 APPLOAD 命令，系统会弹出图 1-9 所示的"加载应用程序文件"对话框。

2）单击"添加"按钮可以从文件列表中选择所要加载的 ZRX 程序。在 Visual Stutio 2017 界面下方输出框中可以找到 .zrx 文件所在目录，单击"加载"按钮，就可以将其加载到 ZWCAD 2022 中。

8

第一章 搭建二次开发环境

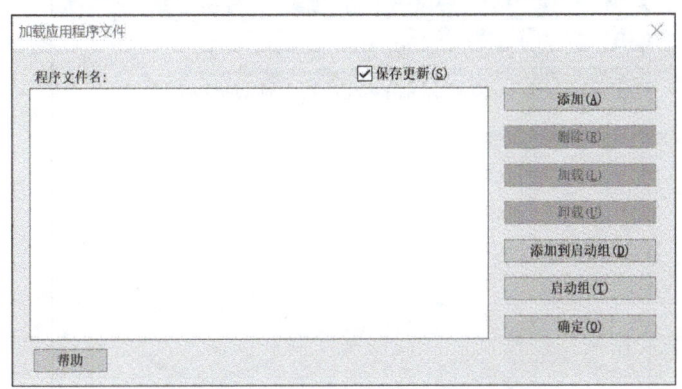

图 1-9 "加载应用程序文件"对话框

如果要经常使用某个程序，可以让 ZWCAD 2022 在启动时自动加载该程序。在"加载应用程序文件"对话框中单击"启动组"按钮，可以添加相应的 .zrx 文件，如图 1-10 所示。在下次启动 ZWCAD 后会显示自动加载，这对于 ZRX 程序的调试很有帮助。

**2. 直接拖放 ZRX 文件加载**

如果指定的 ZRX 成功加载，则会在命令行得到图 1-11 所示的结果。

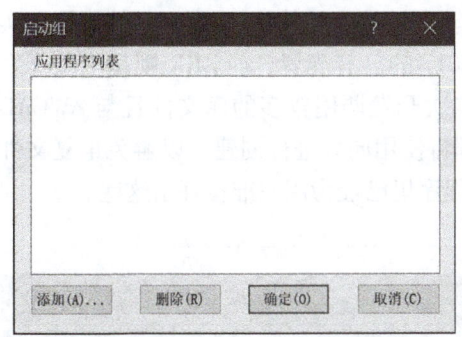

图 1-10 "启动组"对话框

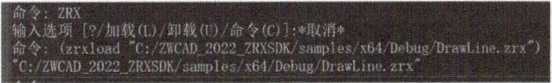

图 1-11 ZRX 成功加载示例

**3. 使用 zwcad.rx 文件实现自动加载**

开发、调试 ZRX 过程中最方便加载 ZRX 文件的方法，无疑是使用 zwcad.rx 文件在 ZWCAD 启动时自动加载列表中的 ZRX 文件。zwcad.rx 文件实际上是一个文本文件，其中每一行都包含了一个需要加载的 ZRX 文件，可以通过绝对路径或相对路径来指定 ZRX 文件的位置，如图 1-12 所示。

使用 ZRX 创建的新项目会自带代码，第一个新项目无须调试，可直接单击本地调试器（如果之前已经在调试（Debugging）选项卡中的控制（Command）选项中设置过 ZWCAD 2022 的路径，则会启动调试并自动运行 ZWCAD 2022）。ZWCAD 2022 被自动启动后，使用任意一种方法加载刚刚生成的 .zrx 文件。在 ZWCAD 2022 命令行中输入"HelloWorld"并按 <Enter>键，命令行会显示"Hello，World!"文字。

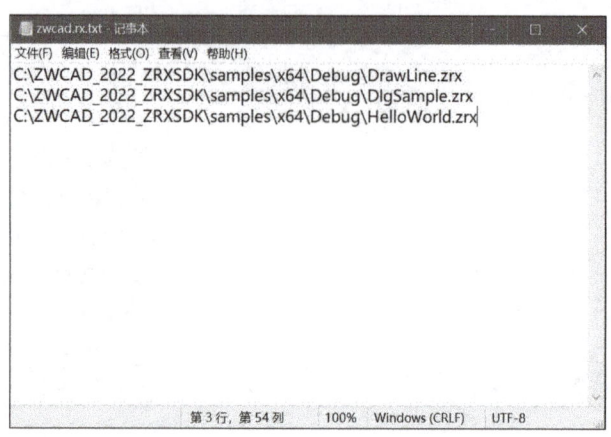

图 1-12 自动加载三个 ZRX 文件

新项目中的已有文件实现的是在 ZWCAD 中输入 HelloWorld 命令，然后进行打印。虽然这个效果很简单，但是可以看到 ZRX 程序的基本架构和实现形式，使用向导创建项目会使后面复杂任务的实现更加便利。

如果不使用向导，直接手工创建项目和文件，也能实现上述效果。如果使用手工创建 ZRX 程序，则在新建工程时需要选择 Windows 桌面开发程序，选择 DLL 动态链接库，同样输入文件名，单击"确定"按钮。从图 1-13 和图 1-14 的对比中可以看出两者新建项目的区别。从图 1-15 和图 1-16 中可以看出使用 Windows 桌面开发的动态链接库和使用 ZRX 工具的区别，实际上 Windows 桌面开发的动态链接库是 Visual Studio 2017 的已有配置，而 ZRX 则是中望开发人员开发的适于 ZWCAD 二次开发的工具，里面拥有二次开发调用较多的库文件且与 ZWCAD 兼容，方便了其他人员的二次开发。后续新建的项目都将使用向导进行创建，以避免重复文件和函数的建立以及库文件的调用，因为在 ZRX 创建的程序里已经为用户准备好了这些。

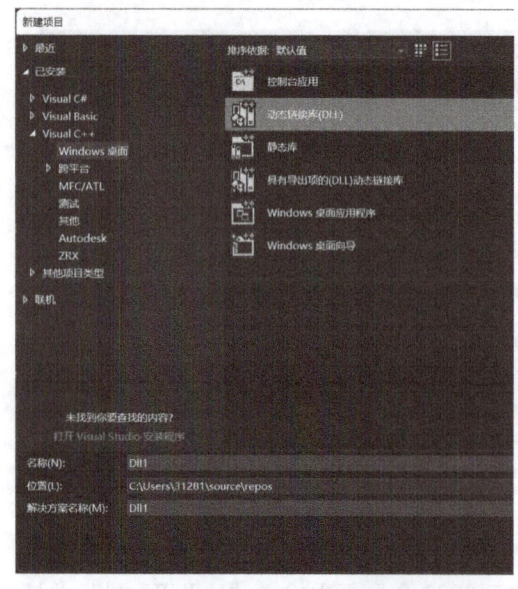

图 1-13 使用 DLL 创建新项目

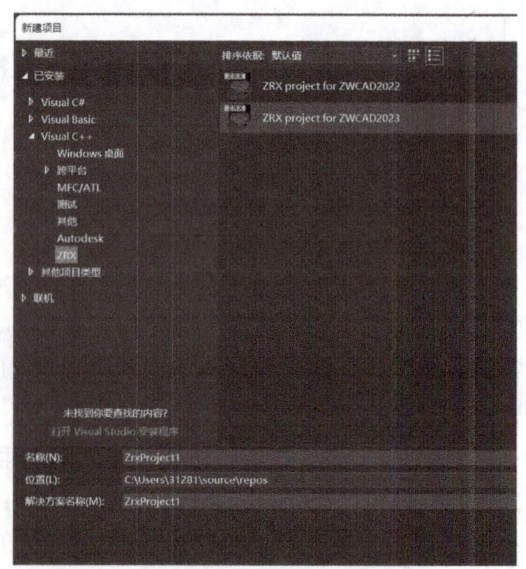

图 1-14 使用向导创建新项目

第一章　搭建二次开发环境

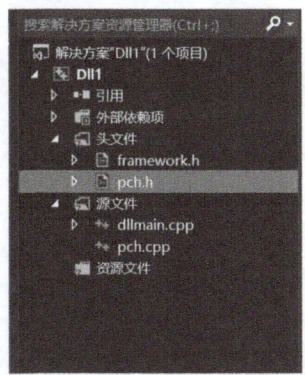

图 1-15　使用 DLL 新建的项目包含文件

图 1-16　使用向导新建的项目包含文件

### 任务解析

下面通过介绍使用向导创建的程序的主要文件和函数来更好地理解 ZRX 架构。

首先总体认识一下通过向导创建的项目文件结构，如图 1-17 所示。

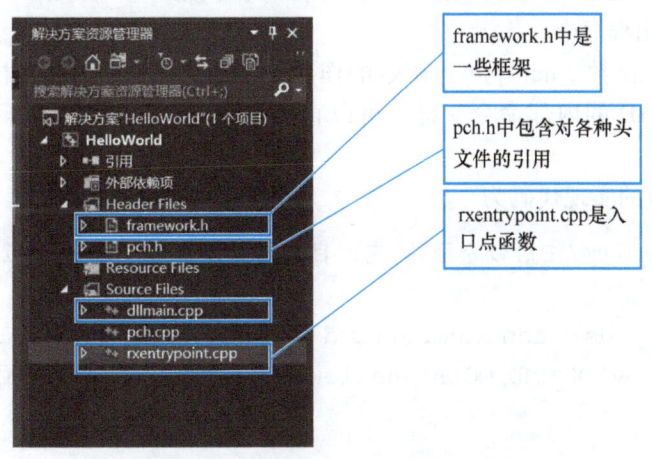

图 1-17　通过向导创建的项目文件结构

（1）rxentryPoint() 函数　"rxentrypoint.cpp" 文件中的入口点函数 rxentryPoint() 用一个 switch 结构来处理各种消息。最基本的消息就是 AcRx::kInitAppMsg 和 AcRx::kUnloadAppMsg，前者在应用程序加载时发生，后者则在应用程序卸载时发生。它们分别调用了 initApp() 和 unloadApp() 函数。入口点函数的代码为

```
extern"C" AcRx::AppRetCode
zcrxEntryPoint(AcRx::AppMsgCode msg,void * pkt)
{
    switch(msg)
```

```
    {
    case AcRx::kInitAppMsg:
        acrxDynamicLinker→unlockApplication(pkt);
        acrxRegisterAppMDIAware(pkt);
        initApp();
        break;
    case AcRx::kUnloadAppMsg:
        unloadApp();
        break;
    default:
        break;
    }
    return AcRx::kRetOK;
}
```

通过调用 initApp() 函数和 unloadApp() 函数，实现了命令的注册和删除。ZRX 应用程序是一个 DLL，因此它没有主函数 main()，ZWCAD 调用 ZRX 模块的 zcrxEntryPoint() 函数来传送消息到应用程序中。

（2）initApp() 函数　initApp() 函数的作用是使用 ZWCAD 的命令机制注册一个新命令。该命令与 ZWCAD 的内部命令一样，可以直接在命令行中执行。实际上，这就是运行 ZRX 程序的方法。

initApp() 函数的实现代码为

```
void initApp()//注册命令函数,它的目的就是定义相关命令,helloworld
{
    acedRegCmds→addCommand(cmd_group_name,_T("helloworld"),_T("helloworld"),ACRX_CMD_MODAL,helloworld);//这里指的是上面的函数调用
}
```

（3）unloadApp() 函数　unloadApp() 函数可以从 ZWCAD 中删除被定义的命令组 "Helloworld"，此后就不能再调用所定义的命令。前面在 initApp() 函数中注册了外部函数，因此在卸载程序时要将其删除。

removeGroup() 函数所要实现的功能很简单，即删除指定的命令组，以及保存在其中的所有命令。因此，当应用程序被卸载之后，就不能执行该命令组中的注册命令。

unloadApp() 函数的实现代码为

```
void unloadApp()
{
    //删除命令组
    acedRegCmds→removeGroup(L"Helloworld");
}
```

(4) addCommand() 函数　在注册命令和删除命令时，ZRX 应用程序使用一个名为 AcEdCommandStack 的类注册和删除命令，而 acedRegCmds 宏提供了一个指向 AcEdCommandStack 类的指针。AcEdCommandStack 类的 addCommand() 函数用来向 ZWCAD 注册一个外部命令，而 removeGroup() 函数用来删除已经存在的一个外部命令组。

addCommand() 函数的定义形式为

```
virtual Acad::ErrorStatus addCommand(
const char * cmdGroupName,
const char * cmdGlobalName,
const char * cmdLocalName,
Adesk::Int32 commandFlags,
AcRxFunctionPtr FunctionAddr,
AcEdUIContext *UIContext=NULL,
int fcode=-1,
HINSTANCE hResourceHandle=NULL,
AcEdCommand * * cmdPtrRet=NULL)=0;
```

下面简单介绍一下前面较为重要的 5 个参数来理解注册 initApp() 函数和删除 unloadApp() 函数使用的"acedRegCmds→addCommand"。"cmdGroupName""cmdGlobalName" "cmdLocalName""commandFlags"和"FunctionAddr"这五个参数分别指定命令组名称、命令的全局化名称、命令的本地化名称、命令的类型和指向实现函数的指针。一个命令组可以包含多个不同的命令，同一个命令可以用全局化名称和本地化名称来执行，命令的全局化名称和本地化名称一般保持一致。使用命令的本地化或全局化名称可以实现在 ZWCAD 中输入命令名称，调用相关函数。

addCommand() 函数的第 4 个参数"commandFlags"用来说明命令的类型，大部分的命令都被注册为模态命令，也就是用 ACRX_CMD_MODAL 作为第 4 个参数。第 5 个参数 "FunctionAddr"指定该命令调用时所要执行的函数，上面的代码中输入了 Hello World() 函数响应该参数，那么当 Hello 命令被执行时，就会运行 Hello World() 函数中的代码。

注：下面章节在注册命令时同样采用 addCommand() 函数，在注册时一般只需要修改本地化和全局化名称以及响应函数即可。

(5) Hello World() 函数　Hello World() 函数的作用是在 ZWCAD 的命令行中输出语句 "Hello，World!"，通过 ZRX 的一个全局函数 acutPrintf() 在 ZWCAD 中显示指定的字符串。

acutPrintf() 函数的使用类似于 C 语言中的 printf() 函数，可以使用"\n"来实现打印中的换行。

注：以后定义的主函数如果要在 ZWCAD 中调用，一定要在 rxentrypoint.cpp 中注册命令和删除命令，仿照 Hello World() 函数的实现即可。

```
void Helloworld()
{
acutPrintf(L"\nHello,World!");
}
```

（6）pch.h 文件　pch.h 文件中包含必要的头文件引用。在 C++编译环境中新建类一般会包含一个与类名称相同的.h 和.cpp 文件，其中.h 文件中包含对其他头文件的引用和.cpp 文件中所有函数的声明，两个文件是关联在一起的，如果在.cpp 文件中定义的函数在.h 中没有声明，编译则会报错。

## 【任务评价】

本章主要学习搭建 ZRX 开发环境和使用 ZRX 向导创建"Hello，World！"程序，需要理解 ZRX 程序的组成结构，掌握 ZRX 二次开发的实现机制，为后面的程序编写打下基础。

## 【知识测试】

**一、单选题**

1. ZRX 并不是独立的开发平台，而是运行于（　　）平台之上。
   A. Visual C++　　　　B. VBA　　　　C. Visual Basic　　　　D. Visual Lisp

2. ZRX 不可以完成（　　）工作。
   A. 访问视频数据库　　　　　　　　　B. 使用 MFC 创建用户界面
   C. 创建自定义类　　　　　　　　　　D. 编制复杂应用程序

3. 如果在 ZWCAD 2022 平台上开发，下面（　　）工具和软件是无法使用的。
   A. ZWCAD 2022 中文版或英文版　　　B. Visual Studio 2017
   C. ZRX 2022 开发包　　　　　　　　D. Visual Studio 2002

4. 从官网中下载 ZRX 开发包，解压得到的压缩文件，不包括下面的（　　）文件夹。
   A. Inc：头文件　　　　　　　　　　B. lib-Win32/lib-x64：库文件
   C. Classmap：类派生的关系图　　　 D. redistrib：动态链接库（DLL）

**二、多选题**

1. CAD 二次开发具有（　　）特点。
   A. 继承性　　　B. 专业性　　　C. 实用性　　　D. 紧迫性

2. 一个良好的 CAD 应用软件的用户界面应满足（　　）要求。
   A. 记忆最多原则　　　　　　　　　　B. 灵活的提示信息
   C. 良好的交互方式　　　　　　　　　D. 良好的出错处理

3. 加载 ZRX 应用程序的方法有（　　）。
   A. 使用 APPLOAD 或 ZRX 命令　　　B. 注册按需加载
   C. 直接拖放 ZRX 文件加载　　　　　D. 使用 zwcad.rx 文件实现自动加载

**三、判断题**

1. CAD 软件是商业化的通用平台，基本上覆盖了整个制造行业，可以满足各种各样具体产品的设计需要。（　　）

2. 二次开发是把商品化、通用化的 CAD 系统进行用户化、本地化的过程。（　　）

3. 利用 ZRX 进行二次开发，可以充分利用 MFC 的网络编程功能，支持异地协作设计。（　　）

4. ZRX 开发包的版本和 ZWCAD 的版本是对应的，每个版本的 ZWCAD 都有不同的 ZRX 开发包。（　　）

5. 使用 ZRX 2018 开发的 ZRX 文件能够在 ZWCAD 2018、ZWCAD 2019 和 ZWCAD 2020 三个版本上运行。（    ）

**四、简答题**

1. 简述 ZRX 的开发环境。
2. 简述 ZRX 开发环境搭建的步骤。

【课后拓展】

1. 手工创建 ZRX 2022 开发环境，设置工程参数，在 ZWCAD 命令窗口中显示"少年强则中国强"，完成编译器的设置和 ZRX 程序的基本结构的实践活动。

2. 利用向导创建 ZRX 2022 开发环境，在 ZWCAD 命令窗口中显示"少年强则中国强"，对比向导创建和手工创建的 ZRX 2022 开发环境，体会利用向导创建开发环境的优势。同学们可以进行个性化语言设计，要求积极向上，没有字数限制。

# 第二章 直线段绘制与属性修改

CAD 主要用于制图，在 ZWCAD 中最简单的命令就是在命令框中输入"LINE"命令，从而绘制一条直线。在成功部署二次开发环境后，本章将详细学习直线命令的实现机制，通过在 Visual Stutio 2017 中编写 ZRX 程序、加载运行程序，实现直线、多段线的绘制以及它们属性的修改。学习过程中应重点关注实现过程中调用了哪些函数、各个函数发挥的作用、调用流程等细节。

**知识目标**

1) 掌握 ZWCAD 二次开发相关概念以及它们之间的关系，如数据库、数据库对象、块表、实体、符号表、对象 ID 等。
2) 掌握在 ZWCAD 中创建简单实体的原理。
3) 掌握在 ZWCAD 中创建简单实体的一般过程。
4) 掌握创建和编辑图形实体的一般过程。

**技能目标**

1) 学会用 ZRX 程序在 ZWCAD 中创建直线等简单实体。
2) 学会用 ZRX 程序在 ZWCAD 中创建多段线和三维线。
3) 学会用 ZRX 程序在 ZWCAD 中修改属性。

**素质目标**

1) 具备一定解决问题的能力，例如掌握创建和编辑图形实体的一般过程，能够自主创建其他类型的实体。
2) 具备分析问题的能力，明白函数方法封装的意义，能够有意识地将使用多次的函数封装，以便多次调用。

**知识讲解**

本章重点学习在 ZWCAD 中创建简单实体直线和修改其属性等内容，主要包括三个任务，分别是利用代码实现创建直线、多段线和修改属性。在 ZWCAD 中显示图形需要将这些图形先存储在 ZWCAD 中，这不可避免地会用到数据库等相关概念。图形数据库是用来管理 ZWCAD 中各种组成元素的，本章主要学习实体在数据库中的存储机制。只有了解相关概念原理，具体实现时才能更加顺畅。

另外，想要在 ZWCAD 中实现绘图效果，不可避免地要调用一些已有类，类似于 C 语言中的结构体。这些类包括一系列成员函数和成员变量，在 C 语言中利用结构体可以建立结构体对象，而利用类也可以生成类的实例，该实例被称为类对象。类将各种函数方法进行抽象，提前实现了一些功能，减少了代码量。用户使用类时只要建立一个实例即可，比如创建直线时，只需使用直线类方法创建一个直线对象即可。所以，在学习过程中需要记住一些常用类的功能和使用方法，以便后续复杂功能的实现。

下面介绍本章中用到的一些基本概念。

**1. 图形数据库**

ZWCAD 图形数据库将所有的图形、对象进行组织和管理，使得用户可以快速、高效地创建、编辑和处理图形对象。在 ZWCAD 中，每个图形都是一个存储在数据库中对象的集合，在图形中包含了各种类型的实体和元素（如点、线、圆、多边形）以及它们之间的关系和属性信息。为了更好地管理这些对象，ZWCAD 图形数据库定义了一些基本的数据库对象，如实体、符号表和词典。

**2. 实体**

实体是 ZWCAD 图形数据库中最基本的图形对象，它代表了具有特定几何形状和位置的图形实体，用户可以在屏幕上看见实体并能对其进行操作。常见的实体有线、圆、弧、文本、实心体、区域、复合线和椭圆等。每个实体都有自己的属性和方法，用户可以通过调用或修改已有的实体类和方法，在 ZWCAD 中实现不同的绘图需求和设计目标。

**3. 符号表**

符号表是 ZWCAD 图形数据库中用于管理各种对象的列表，包括图层、块、样式、字体等，旨在帮助用户更好地组织和管理各种类型的对象，以便后续的访问和应用。例如，图层表（AcDbLayerTable）是符号表之一，包含每一层的图表记录；块表（AcDbBlockTable）也是一个符号表，包含块表记录。所有 ZWCAD 实体都包含在某个块表记录里，用户在绘图中经常用到的模型空间、图纸空间就是块表记录。

**4. 数据库、实体、符号表之间的关系**

一般图形数据库包括 9 个符号表（见表 2-1）和 1 个命名对象字典。符号表和字典是用来存储数据库对象的容器对象，它们都可以将一个符号名映射到一个数据库对象（如块表、层表、各种实体等）。

表 2-1 符号表名称及其功能

| 符号表名称 | | 符号表功能 |
| --- | --- | --- |
| Block Table | 块表 | 存储图形数据库中定义的块。此表中含有两个非常重要的记录：模型空间和图纸空间 |
| Dimension Style Table | 尺寸标注样式表 | 存储尺寸标注样式 |
| Layer Table | 层表 | 存储图层 |

（续）

| 符号表名称 | | 符号表功能 |
| --- | --- | --- |
| Linetype Table | 线型表 | 存储线型 |
| RegApp Table | 应用程序名注册表 | 存储为图形数据库中对象的扩展实体数据而注册的应用程序名 |
| Text Style Table | 文字样式表 | 存储文字样式 |
| UCS Table | 用户坐标系表 | 存储用户保存的用户坐标系 |
| View Table | 视图表 | 存储与命令 view 相关的视图 |
| Viewport Table | 视口表 | 存储当前系统变量默认值的视口配置 |

  常见的符号表有块表和层表，块表包含块表记录，层表包含层表记录。块表记录包含实体，字典提供了比符号表更通用的容器来存储对象，可以包含其类型或子类的任何对象，它们之间的关系如图 2-1 所示。以常见的块表为例，用户可以理解第一层为块表，是属于数据库管理的根对象；第二层为块表记录，是属于块表管理的对象；第三层为组成图块的实体对象，是属于块表记录管理的基本对象。在 ZWCAD 中创建的对象被添加到数据库对应的容器对象中，如实体被添加到块表记录中，符号表记录被添加到相应的符号表中，其他对象被添加到命名对象字典中。

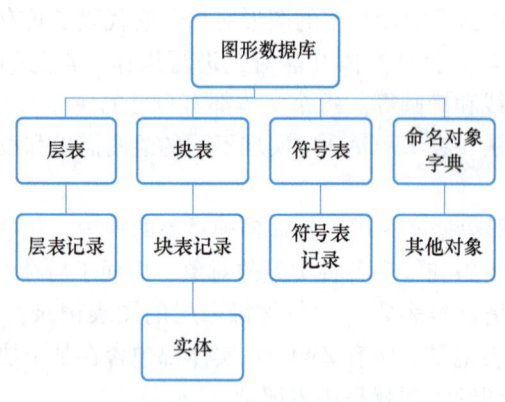

图 2-1 数据库组成架构图

  根据数据库对象存储和管理的规则以及各种对象容器分布的层级，用户创建对象时也要分级来调用。在 ZWCAD 图形数据库中创建一个实体的流程如下：

1）确定要创建对象的图形数据库。

2）获得图形数据库的块表。

3）获得一个存储实体的块表记录［每个图形数据库至少有一个名为" * Model_Space"（模型空间）的块表记录，在这里需要获得的块表记录实际上是模型空间的块表记录］。

4）创建实体类的一个对象，将该对象附加到特定的块表记录中（即实现将直线添加到数据库中）。

## 任务一  创 建 直 线

本任务创建一条直线并将其添加到数据库中,首先调用已有的直线类方法创建一条直线,然后按照之前的层级图依次获取数据库的块表、块表记录,以及指向模型空间块表记录的指针,再将之前创建的直线对象添加到块表记录中,即完成了将直线添加到数据库的任务,最后关闭数据库即可。创建直线的流程图如图 2-2 所示。

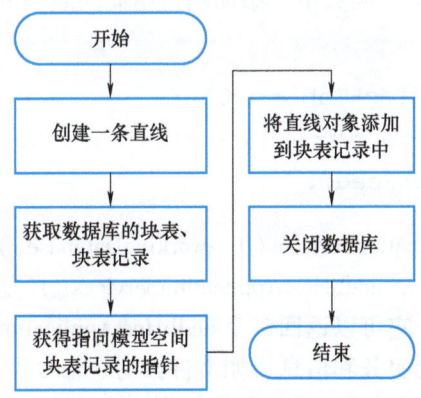

图 2-2  创建直线的流程图

**1. 开发步骤细节**

步骤 1:启动 Visual Studio 2017,使用 ZRX 向导创建一个项目,命名为 ZWCreateLine。

步骤 2:在 ZWCAD 中实现任何功能都要先注册命令,在新创建项目入口文件的 initapp() 函数中添加第一个命令 ZWCreateLine,用于在模型空间绘制一条直线。

```
void initapp()
{
    acedRegCmds->addCommand(cmd_group_name,_T("ZWCreateLine"),_T("ZWCreateLine"),ACRX_CMD_MODAL,ZWCreateLine);
}
```

步骤 3:在 ZWCreateLine() 函数中,添加创建直线对象的代码。

```
//在内存上创建一个新的 AcDbLine 对象
AcGePoint3d ptStart(0.0,0.0,0.0);
AcGePoint3d ptEnd(100.0,100.0,0.0);
AcDbLine *pLine=new AcDbLine(ptStart,ptEnd);
```

代码解析:AcDbLine 类是 ZRX 中的一种实体对象类,用于表示直线图形。它包含了起点和终点两个点的坐标属性,可以通过这些属性来确定直线的位置、长度和方向等信息。

AcGePoint3d 类表示三维空间中的一个点坐标。它的构造函数中的三个参数分别代表点的 X、Y、Z 坐标，可以用来描述三维空间中的位置信息。AcGePoint3d 类提供了各种属性操作和数学运算方法，如加减法、求向量、计算距离等，以便于对点对象进行操作和处理。

基于 ZWCAD 内部的实现机制，必须在堆上创建对象，所以不能用 AcDbLine line（ptStart，ptEnd）；语句创建直线对象，需要使用 AcDbLine * pLine = new AcDbLine（ptStart，ptEnd）；创建，这是因为通过 malloc 或 new 动态申请的内存都是堆内存。

注：在 C++中，动态申请的内存是需要开发者自己管理的，即使用完毕后需要手动编写 delete 语句释放所申请的内存。

步骤 4：在 ZWCreateLine() 函数中，添加获得指向块表指针的相关代码。

```
//获得指向块表的指针
AcDbBlockTable *pBlockTable=NULL;
acdbHostApplicationServices()→workingDatabase()→getBlockTable
(pBlockTable,AcDb::kForRead);
```

代码解析：acdbHostApplicationServices()→workingDatabase() 能够获得一个指向当前活动的图形数据库的指针。其中，acdbHostApplicationServices() 是在 ZRX 开发平台中用于获取应用程序服务对象的函数。它可以返回一个 acdbHostApplicationServices 类的指针，这个类包含了各种与应用程序相关的服务和信息，如文件读写、命令调用、图形显示等。

注意：acdbHostApplicationServices() 在头文件 dbapserv.h 中声明，需要在定义函数 ZWCreateLine 的文件中包含这个头文件。

getBlockTable 是 AcDbDatabase 类的一个成员函数，它返回一个指向 AcDbDatabase 类对象的指针，该对象表示当前正在编辑或打开的 DWG 文件所对应的数据库。其定义为

```
inline Acad::ErrorStatus getBlockTable(AcDbBlockTable * & pTable,
AcDb::OpenMode mode);
```

该函数的返回值 Acad::ErrorStatus 是 ZRX 中定义的一个枚举类型，主要用于判断函数的返回状态，如果函数成功执行则会返回 Acad::eOk。

第一个参数 pTable 返回指向块表的指针；第二个参数同样是一个枚举类型的变量，其类型 AcDb::OpenMode 包含了 AcDb::kForRead、AcDb::kForWrite 和 AcDb::kForNotify 三个可取的值，分别代表只读、可写以及以接受通告的方式打开（很少使用）。由于创建直线时不需要更改块表，因此这里打开的模式为 AcDb::kForRead。

### 知识拓展

如果对 C++的概念理解不够深入，很可能会不了解 AcDbBlockTable * & pTable 的含义。从左向右来读，就可知道该形式参数的类型是 AcDbBlockTable *（指向块表的指针），由于引用运算符（&）的存在，那么形参 pTable 是一个指针的引用。例如下面的函数：

```
void swap(int &m, int &n);
```

在参数中使用引用运算符是为了通过函数的参数实现返回值。在 getBlockTable 函数中是一样的情况，不过形参的类型变成了一个指针而已。

步骤5：在ZWCreateLine（）函数中，添加获得指向模型空间块表记录的指针的相关代码。

```
//获得指向模型空间块表记录的指针
AcDbBlockTableRecord * pBlockTableRecord = NULL;pBlockTable→getAt
(ACDB_MODEL_SPACEz pBlockTableRecord,AcDb::kForWrite）;
```

代码解析：AcDbBlockTable 类用于管理 ZWCAD 图形数据库中的块表记录。AcDbBlockTable 类提供了各种方法和属性来访问和操作块表记录，如添加、删除、修改等。

AcDbBlockTableRecord 类用于表示 DWG 文件中的块表记录。

getAt（）函数是 AcDbBlockTable 类的一个成员函数，用于获得块表中特定的记录，其定义为

```
Acad::ErrorStatus getAt(const char * entryName,AcDbBlockTableRecord *
& pRec,
AcDb::OpenMode openMode,bool openErasedRec = false)const;
```

第一个参数"entryName"用于指定块表记录的名称，ACDB_MODEL_SPACE 是 ZRX 中定义的一个常量，其内容是"*Model_Space（模型空间）"。第二个参数"pRec"用于返回指向块表记录的指针。第三个参数"OpenMode"指定了块表记录打开的模式，下一步要向块表记录中添加实体，所以就用写的模式（AcDb::kForWrite）打开。第四个参数"false"指定是否查找已经被删除的记录，一般使用默认的参数值。

步骤6：在ZWCreateLine（）函数中，添加向块表记录中附加实体的代码。

```
//将 AcDbLine 类的对象添加到块表记录中
AcDbObjectId lineId;
pBlockTableRecord→appendAcDbEntity(lineId,pLine);
```

代码解析：AcDbObjectId 即对象 ID。每个数据库对象都有其 AcDbObjectId，对象 ID 的唯一性保证了每个对象在 ZWCAD 数据库中都有其独立而且唯一的身份标识，这样可以避免出现对象冲突、重复等问题。通过 AcDbObjectId 类，开发者可以快速地获取数据库对象的指针，并对数据库对象进行访问和操作，如查询、修改、删除等。

appendAcDbEntity 是 AcDbBlockTableRecord 类的成员函数，用于将 pEntity 指向的实体添加到块表记录和图形数据库中，其定义为

```
Acad::ErrorStatus appendAcDbEntity (AcDbObjectId& pOutputId, AcD-
bEntity * pEntity);
```

第一个参数"pOutputId"返回图形数据库为添加的实体分配的 ID 号；第二个参数指定了所要添加的实体。

步骤7：在ZWCreateLine 函数中，添加关闭图形数据库各种对象的代码。

```
//关闭图形数据库的各种对象
pBlockTable→close();
```

```
pBlockTableRecord→close();
pLine→close();
```

在操作图形数据库的各种对象时，必须遵守 ZWCAD 的打开和关闭对象的协议。该协议确保当对象被访问时在物理内存中，而未被访问时可以被分页存储在磁盘中。创建和打开数据库的对象后，在不用时必须将它关闭。

给初学者的建议：

1) 不要忘记及时关闭各种数据库对象。在打开或创建数据库对象后，应尽早将其关闭。

2) 不要使用 delete pLine 的语句。对 C++ 比较熟悉的读者，习惯于配对使用 new 和 delete 运算符，这在 C++ 编程中是一个良好的编程习惯。但在 ZRX 编程中，当编程者使用 appendAcDbEntity 函数将对象添加到图形数据库后，需要由图形数据库来操作该对象。

**2. 整体代码示例**

```
void ZWCreateLine()
{
    // 在内存上创建一个新的 AcDbLine 对象
    AcGePoint3d ptStart(0.0,0.0,0.0);
    AcGePoint3d ptEnd(100.0,100.0,0.0);
    AcDbLine *pLine=new AcDbLine(ptStart,ptEnd);

    //获得指向块表的指针
    AcDbBlockTable *pBlockTable=NULL;
    acdbHostApplicationServices()→workingDatabase()→getBlockTable(pBlockTable,AcDb::kForRead);

    // 获得指向模型空间块表记录的指针
    AcDbBlockTableRecord *pBlockTableRecord=NULL;
    pBlockTable→getAt(ACDB_MODEL_SPACE,pBlockTableRecord,AcDb::kForWrite);

    // 将 AcDbLine 类的对象添加到块表记录中
    AcDbObjectId lineId;
    pBlockTableRecord→appendAcDbEntity(lineId,pLine);

    // 关闭图形数据库的各种对象
    pBlockTable→close();
    pBlockTableRecord→close();
    pLine→close();
}
```

### 3. 运行效果

编译应用程序后,在 ZWCAD 中使用 Appload 命令加载编译得到的.zrx 文件并运行程序中注册的 ZWCreateLine 命令,能够得到图 2-3 所示的结果。

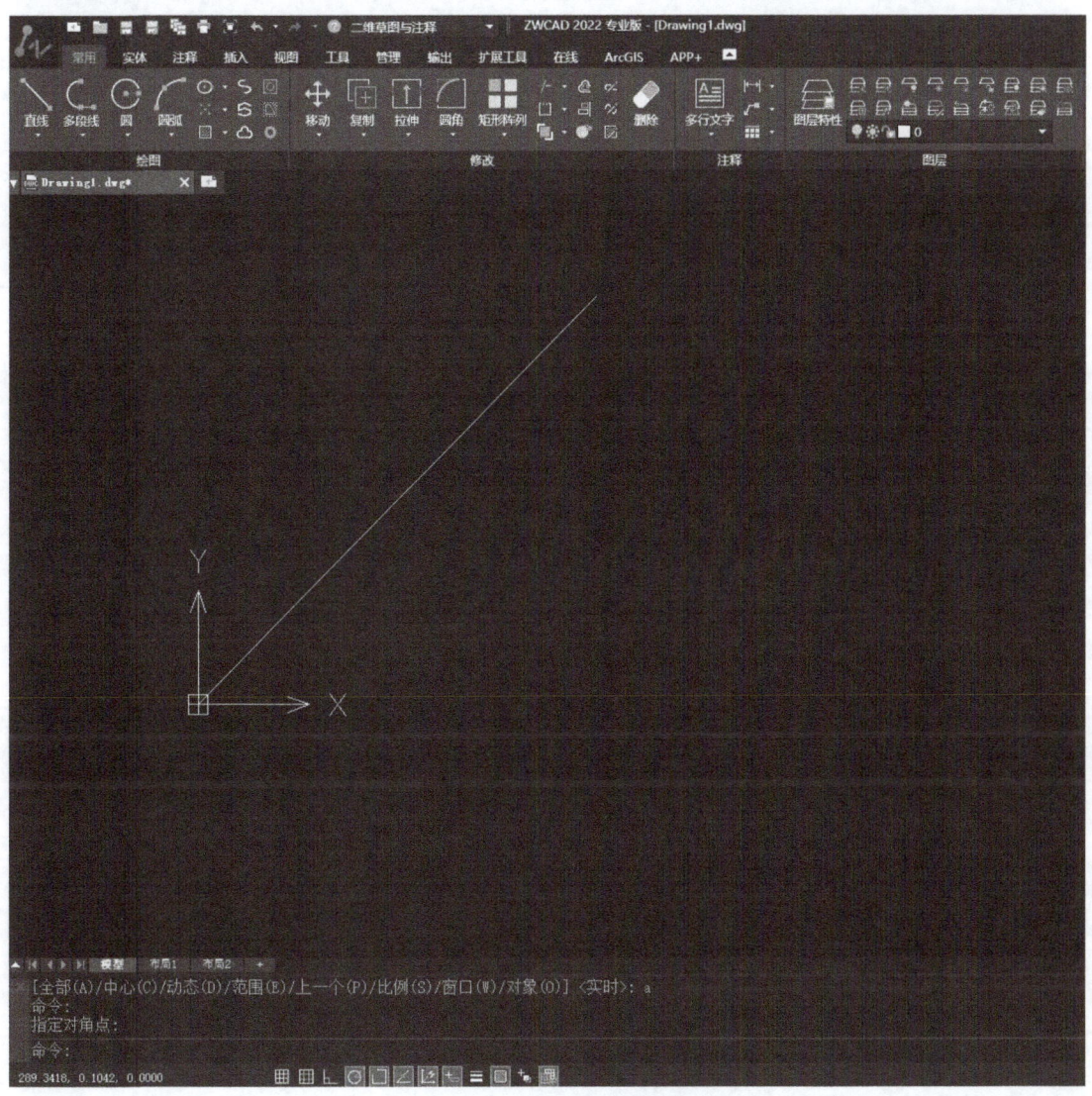

图 2-3　创建直线运行效果

### 4. 封装的实现

为了避免每次添加实体时都重复编写将实体加入数据库的代码,可以把这部分的代码封装成一个函数。新建一个命名空间(命名空间是用来组织和重用代码的),右击项目添加类 UtilsFunc,在 UtlisFunc.h 中的代码如下:

```
#pragma once
#include "pch.h"
```

```cpp
namespace UtilsFunc
{
    //把实体添加到模型空间
    AcDbObjectId PostToModel(AcDbEntity* pEnt);
};
```

在 UtlisFunc.cpp 中的代码如下：

```cpp
AcDbObjectId UtilsFunc::PostToModel(AcDbEntity* pEnt)
{
    // 获得指向块表的指针
    AcDbBlockTable *pBlockTable=nullptr;
    auto es=acdbHostApplicationServices()->workingDatabase()->getBlockTable(pBlockTable,AcDb::kForRead);

    // 获得指向模型空间块表记录的指针
    AcDbBlockTableRecord *pBlockTableRecord=nullptr;
    es=pBlockTable->getAt(ACDB_MODEL_SPACE,pBlockTableRecord,AcDb::kForWrite);

    // 将实体添加到块表记录中
    AcDbObjectId entId;
    es=pBlockTableRecord->appendAcDbEntity(entId,pEnt);
    es=pBlockTable->close();
    es=pBlockTableRecord->close();
    es=pEnt->close();
    return entId;//返回实体的 ID
}
```

则之前创建直线的代码就可以写成：

```cpp
void CreateLine()
{
    // 在内存上创建一个新的 AcDbLine 对象
    AcGePoint3d ptStart(0.0,0.0,0.0);
    AcGePoint3d ptEnd(100.0,100.0,0.0);
    AcDbLine *pLine=new AcDbLine(ptStart,ptEnd);
    pLine->setColorIndex(1);
    auto id=UtilsFunc::PostToModel(pLine);//将直线对象 pLine 放入 UtilsFunc 类的参数中,实现将直线对象添加到模型空间的块表记录中
}
```

这是创建直线的另一种方法，两种方法同样都获取了数据库模型空间的块表记录，同样将直线添加到了块表记录中，所不同的是将重复步骤封装了起来，如图 2-4 所示。

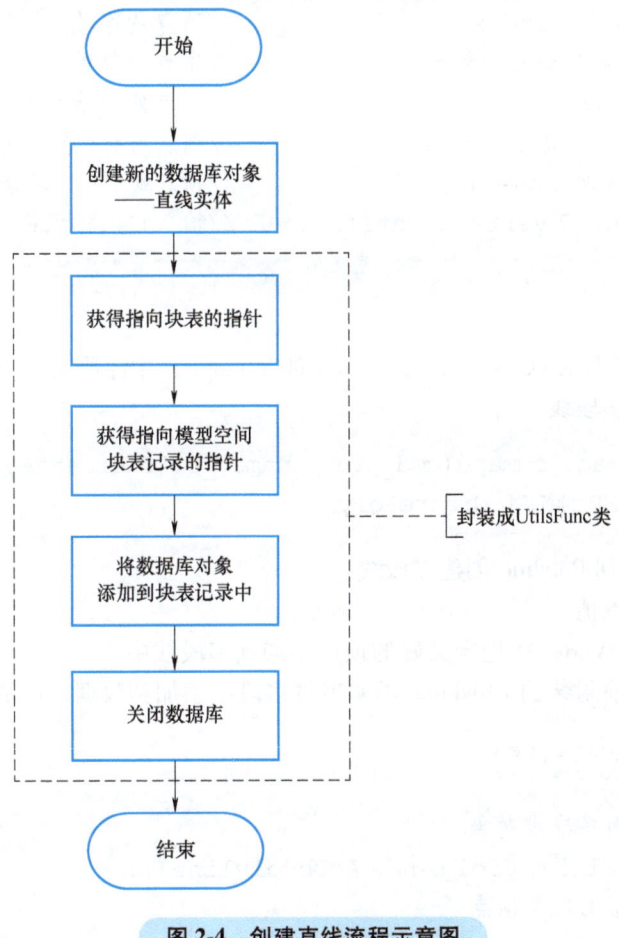

图 2-4 创建直线流程示意图

## 任务二　创建多段线

**1. 相关知识**

多段线是 ZWCAD 中的一个重要绘图对象，它由多个线段或曲线段组成，并可以被视为一个整体，具有一些特殊的属性和方法，如闭合、平滑拟合、插入顶点等。多段线对象可以用于表示各种复杂的二维图形，如多边形、轮廓线、路径等，还可以用于描述如道路、管道、电缆等物理系统的布局和设计。

ZRX 中常用的多段线类有 AcDbPolyline 和 AcDb3dPolyline。创建三维多段线使用 AcDb3dPolyline 类，创建一般的轻量多段线只需要调用 AcDbPolyline。

创建 AcDbPolyline 对象可以分为两个部分：创建类的实例和添加顶点，创建类的实例可以用 new AcDbPolyline( ) 的方式；添加顶点则使用 AcDbPolyline::addVertexAt 函数，将每一个顶点添加到多段线中。

addVertexAt() 函数的定义如下，各个参数的意义如下，使用时直接调用即可。

```
virtual Acad::ErrorStatus addVertexAt(
    unsigned int index,                    //顶点的序号
    const AcGePoint2d& pt,                 //顶点的位置
    double bulge=0,                        //顶点处的凸度
    double startWidth=-1,                  //顶点到下一个顶点的连线的起始线宽
    double endWidth=-1,                    //顶点到下一个顶点的连线的终止线宽
    Adesk::Int32 vertexIdentifier=0        //输入顶点标识符(默认为0)
);
```

**2. 开发步骤细节**

步骤1：在直线工程 ZWCreateLine 的入口文件 initapp() 中注册第二个命令 ZWCreatePoly，用于在模型空间绘制多段线。

```
acedRegCmds→addCommand(cmd_group_name,_T("ZWCreatePoly"),_T("ZWCreatePoly"),ACRX_CMD_MODAL,CreatePoly);
```

步骤2：使用 AcDbPolyline 创建多段线。
步骤3：定义顶点值。
步骤4：使用 addVertexAt 把定义好的顶点添加到多段线中。
步骤5：使用之前封装的 UtilsFunc 类实现将多段线添加到数据库中的效果。

```
void CreatePolyLine()
{
    //创建平面多段线对象
    AcDbPolyline * pPoly=new AcDbPolyline();
    //创建矩形的四个顶点
    AcGePoint2d pt0(0,0);
    AcGePoint2d pt1(20,0);
    AcGePoint2d pt2(20,20);
    AcGePoint2d pt3(0,20);
    AcGePoint2d pt4(0,0);

    //把顶点添加到多段线中,numVerts()会返回顶点数,这样可以按顺序添加顶点
    pPoly→addVertexAt(pPoly→numVerts(),pt0);
    pPoly→addVertexAt(pPoly→numVerts(),pt1);
    pPoly→addVertexAt(pPoly→numVerts(),pt2);
    pPoly→addVertexAt(pPoly→numVerts(),pt3);
    pPoly→addVertexAt(pPoly→numVerts(),pt4);
    //将多段线添加到数据库中
    auto id=UtilsFunc::PostToModel(pPoly);
}
```

用户还可以采用输入三维顶点组的方式创建三维多段线,需要构造一个 AcGePoint3dArray 的容器来储存顶点数组,可以通过多种方式在容器中添加数据。

```
//创建一个 AcGePoint3d 类型的数组
AcGePoint3dArray vertx;
//方式1:先定义顶点坐标,再使用 append 方法把坐标加入到 vertx 数组中
AcGePoint3d pt0(0,0,0);
AcGePoint3d pt1(10,0,0);
AcGePoint3d pt2(10,10,0);
AcGePoint3d pt3(0,10,0);
AcGePoint3d pt4(0,0,0);
vertx.append(pt0);
vertx.append(pt1);
vertx.append(pt2);
vertx.append(pt3);
vertx.append(pt4);
//方式2:直接添加三维坐标点到 vertx 数组中
vertx.append(AcGePoint3d(0,0,10));
vertx.append(AcGePoint3d(10,0,10));
vertx.append(AcGePoint3d(10,10,10));
vertx.append(AcGePoint3d(0,10,10));
vertx.append(AcGePoint3d(0,0,10));
```

如果需要在已知三维多段线的情况下添加顶点,但是 appendVertex 接收的是一个 AcDb3dPolylineVertex 参数,可以通过 dPoly→appendVertex( new AcDb3dPolylineVertex( AcGePoint3d(50,50,0)));的方式添加顶点。

```
//通过传入顶点数组的方式构造三维多段线
AcDb3dPolyline * dPoly = new AcDb3dPolyline (AcDb::k3dSimplePoly, vertx);
//添加顶点
dPoly→appendVertex(new AcDb3dPolylineVertex(AcGePoint3d(50,50,0)));
//添加到数据库
auto id=UtilsFunc::PostToModel(dPoly);
```

注:这里三维多段线显示的图形需要在 ZWCAD 的"视图"菜单栏中转换成三维视图,因为 ZWCAD 中默认的视图是二维的。

3. 运行效果

编译应用程序之后,在 ZWCAD 中使用 Appload 命令加载编译得到的.zrx 文件并运行程序中注册的 ZWCreatePoly 命令,能够得到图 2-5 所示的效果。

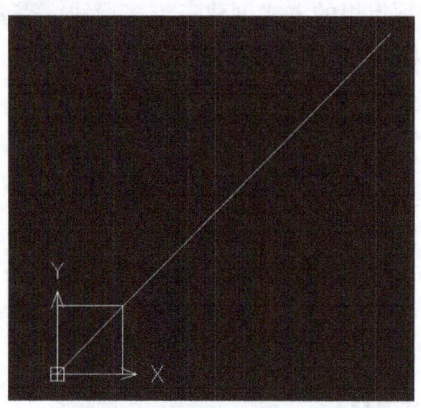

图 2-5 创建多段线运行效果

## 任务三 修改属性

**1. 相关知识**

AcDbBlockTableRecord 类的 appendAcDbEntity 函数能够将一个实体添加到图形数据库中，并且返回分配给该实体的 ID。全局函数 acdbOpenAcDbEntity 用于从实体的 ID 号获得指向图形数据库中实体的指针，其定义为

```
Acad::ErrorStatus acdbOpenAcDbEntity(
AcDbEntity * & pEnt,
AcDbObjectId id,
AcDb::OpenMode mode,
bool openErasedEntity=false);
```

第一个参数"pEnt"返回指向图形数据库实体的指针；第二个参数"id"输入要获得的实体的 ID 号；第三个参数"mode"指定打开该实体的方式，如果仅是查询该实体的特性，用"读"模式打开即可，要修改实体的特性就必须用"写"模式打开；第四个参数"false"指定是否允许访问一个已经被删除的实体。

**2. 开发步骤细节**

修改属性主要分成三个部分：第一，获取模型空间的块表记录；第二，遍历块表记录并打开实体；第三，修改实体的属性并关闭。

本任务的要求：创建一个函数，将模型空间中所有直线的颜色修改成红色。

步骤 1：在直线工程 ZWCreateLine 中注册第三个命令 ChangeLineColor，用于修改实体的颜色属性。

```
acedRegCmds→addCommand(cmd_group_name,_T("ChangeLineColor"),_T
("ChangeLineColor"),ACRX_CMD_MODAL,ChangeLineColor);
```

步骤 2：获得模型空间的块表记录的指针。

```
// 获得指向块表的指针
AcDbBlockTable *pBlockTable=nullptr;
acdbHostApplicationServices()→workingDatabase()→getBlockTable
(pBlockTable,AcDb::kForRead);

// 获得指向特定的块表记录(模型空间)的指针
AcDbBlockTableRecord *pBlockTableRecord=nullptr;
pBlockTable→getAt(ACDB_MODEL_SPACE,pBlockTableRecord,AcDb::kFor-
Write);
pBlockTable→close();
```

步骤 3：创建一个迭代器，遍历模型空间的所有实体。

```
//遍历模型空间里的所有实体
AcDbBlockTableRecordIterator * pIter=nullptr;
pBlockTableRecord→newIterator(pIter);
```

代码解析：AcDbBlockTableRecordIterator::newIterator() 方法是 ZRX 中用于创建块表记录迭代器（AcDbBlockTableRecordIterator 类）的方法，该迭代器可用于遍历块表记录中的所有实体对象。由这个方法返回的迭代器对象可以通过 step() 方法来获取下一个实体对象，或者通过 done() 方法来判断是否已经遍历了所有实体对象。

AcDbBlockTableRecordIterator 类提供了各种方法和属性，以便于开发者对块表记录进行访问和控制。在 ZRX 开发中，块表记录迭代器经常被用于枚举实体对象、数据处理等操作，以满足不同的插件需求和业务场景。

步骤 4：通过迭代器来打开实体并修改属性的代码。

```
AcDbEntity* pEnt=nullptr;
for(pIter→start();! pIter→done();pIter→step())
{
    //利用迭代器获取每一个实体
    pIter→getEntity(pEnt,AcDb::kForRead);
    if(pEnt→isKindOf(AcDbLine::desc()))        //判断实体是否是直线
    {
        pEnt→upgradeOpen();                    //升级打开权限
        pEnt→setColorIndex(1);                 //把直线颜色设成红色
        pEnt→downgradeOpen();                  //降级权限
    }
    pEnt→close();                              //关闭实体
}
delete pIter;                                  //删除迭代器
pBlockTableRecord→close();                     //关闭块表记录
```

**3. 整体代码示例**

```cpp
void ChangeColor()
{
    auto pDb=acdbHostApplicationServices()->workingDatabase();
    AcDbBlockTable * pBT=nullptr;

    Acad::ErrorStatus es=pDb->getBlockTable(pBT,AcDb::kForRead);
                                                          //从数据库获取块表
    if(es==Acad::eOk)                                     //判断是否成功
    {
        AcDbBlockTableRecord * pBTR=nullptr;
        //ACDB_MODEL_SPACE="*Model_Space"
        es=pBT->getAt(ACDB_MODEL_SPACE,pBTR,AcDb::kForWrite);
                                                          //从块表获取模型空间的块表记录
        pBT->close();                                     //用完后马上关闭
        if(es==Acad::eOk)
        {
            AcDbBlockTableRecordIterator * pIter=nullptr;
            pBTR->newIterator(pIter);
            for(pIter->start();!pIter->done();pIter->step())
            {
                AcDbEntity * pEnt=nullptr;
                pIter->getEntity(pEnt,AcDb::kForRead);
                if(pEnt->isKindOf(AcDbLine::desc()))
                {
                    pEnt->upgradeOpen();
                    pEnt->setColorIndex(2);               //改变颜色
                    pEnt->downgradeOpen();
                }
                pEnt->close();
            }
            delete pIter;
            pBTR->close();
        }
    }
}
```

**4. 运行效果**

编译应用程序之后，在 ZWCAD 中使用 Appload 命令加载编译得到的 .zrx 文件并运行程序中注册的 ZWChangeColor 命令，能够得到图 2-6 所示的效果。

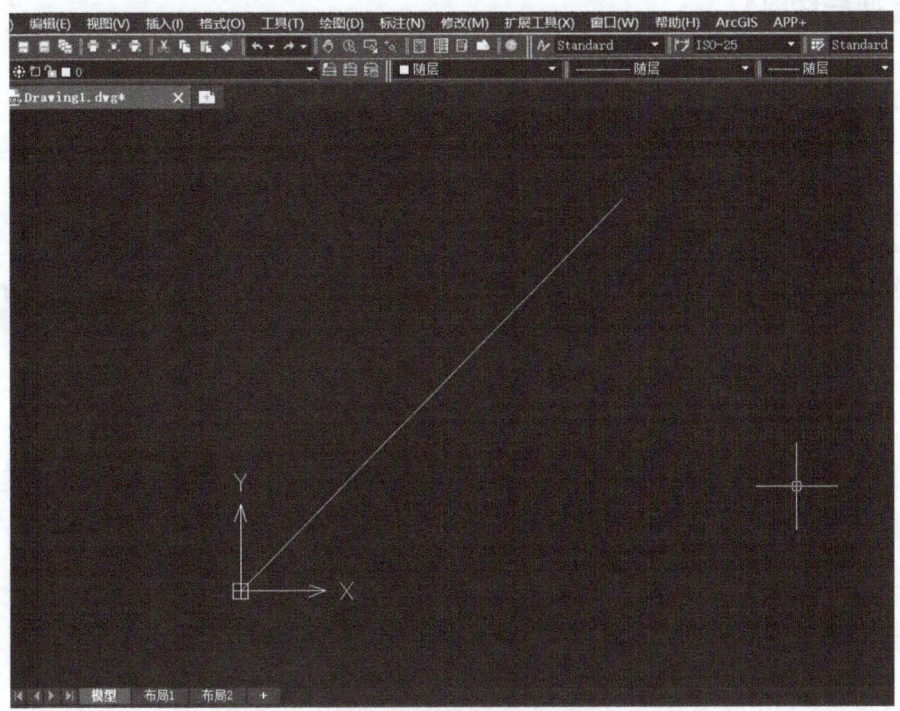

图 2-6　修改属性运行效果

【任务评价】

　　本章共有三个任务，创建直线任务是重点，需要掌握如何将实体添加到数据库中，因为实体（如直线、多段线）的创建只需要调用已有的类方法即可。创建多段线任务还用到了数组的概念，修改属性任务使用到了迭代器，它的核心是编写一个循环。虽然函数名看起来都很复杂，但是只需要明白它所实现的功能以及如何使用它即可。

【知识测试】

　　1. 请解释以下术语的含义并描述它们之间的关系：数据库、数据库对象、块表、实体、符号表、对象 ID。
　　2. 简述在 ZWCAD 二次开发中了解对象 ID 概念的重要意义，举例说明对象 ID 的用途。
　　3. 如何通过 ZWCAD 的二次开发接口来定义一个表示具有起点、终点的直线实体的对象？
　　4. 简述在 ZWCAD 中创建直线的一般过程，包括所涉及的关键步骤和函数调用。
　　5. 在创建多段线的过程中，需要注意哪些重要的步骤和参数？
　　6. 假设有一个已经存在的图形实体，将如何通过 ZWCAD 二次开发来修改其颜色属性？

**【课后拓展】**

1. 使用 ZRX 向导创建一个新项目,用代码创建下面的图形:
1) 一条竖直直线,起始点坐标为 (0, 0)、终点坐标为 (0, 10)。
2) 一条水平直线,起始点坐标为 (0, 10)、终点坐标为 (10, 10)。
3) 一条多段线,包含三个点,坐标分别为 (10, 10)、(5, 5)、(0, 10)。
4) 提供创建以上图形的 ZRX 代码,并在最后附上保存的 .dwg 文件。

2. 使用 ZRX 向导创建一个新项目,用代码在图纸上创建两个五角星图形,一个五角星为红色,另一个为黄色。

# 第三章 圆弧和文字的创建

本章重点介绍圆弧和文字的创建。圆弧作为一种特殊的曲线形状，常用于绘制弧形或弯曲的元素，如圆形的一部分或曲线的一段。圆和圆弧在 CAD 二次开发中应用广泛，可用于绘制弧线、圆形边界、角度标记等，为 CAD 绘图提供了丰富的几何图形表示方式。文字则是 CAD 设计中常用的标注和注释工具，可用于添加文字信息和说明。

本章首先介绍圆弧和文字的基本概念和属性，学习使用不同的构造函数创建和初始化圆弧和文字实体。其次介绍如何把不同的函数重载进行封装，以实现更灵活和高效的创建。通过学习圆弧和文字的创建，提升用户的 CAD 二次开发技能，并将其应用于实际工程和设计中。

**知识目标**

1）理解圆和圆弧的概念和属性，包括半径、中心点、起点和终点等。
2）掌握不同构造函数初始化圆和圆弧实体的方法，包括指定半径和中心点、起点和终点等。
3）理解椭圆的概念和属性，包括长轴和短轴的长度、中心点等。
4）了解文字的基本属性，如文本内容、位置、高度等。
5）理解函数重载的原理和意义。

**技能目标**

1）能够使用 CAD 二次开发工具创建圆和圆弧实体。
2）能够根据需求选择合适的构造函数初始化圆和圆弧实体。
3）能够使用 CAD 二次开发工具创建椭圆实体，并设置其属性。
4）能够使用 CAD 二次开发工具创建文字实体，并设置其属性。

**素质目标**

1）提高空间思维能力，通过创建圆、圆弧、椭圆和文字，培养对二维图形的感知和构建能力。

2）增强细致观察和精确性，确保创建的圆、圆弧、椭圆和文字符合要求。

3）培养创造性思维，通过封装不同的函数重载，探索灵活和高效的创建方法。

4）提高问题解决能力，通过实践中遇到的挑战，学会分析和调试代码，解决绘制过程中的问题。

## 知识讲解

### （一）圆、圆弧、椭圆的概念与属性

在CAD二次开发中，圆和圆弧是常用的几何图形，用于表示曲线或弧线。圆和圆弧都是CAD实体对象。这些对象具有特定的属性和方法，利用这些属性和方法，可以便捷地创建、编辑和操纵图形实体。

圆的主要属性是半径和中心点。半径定义圆的大小，而中心点确定圆的位置。在CAD二次开发中，可以使用构造函数或属性设置的方法定义圆的半径和中心点。

圆弧的属性包括半径、中心点、起点和终点。半径决定圆弧的大小，中心点确定圆弧的位置，起点和终点确定圆弧的起始和结束位置。CAD二次开发提供了多种构造函数和属性设置方法，用于定义圆弧的属性。

椭圆是一种常用的几何实体，由中心点、长半轴、短半轴和旋转角度等属性定义。椭圆的中心点坐标用于确定椭圆在CAD图形空间中的位置。在椭圆的定义中，长轴向量和短轴向量是用来描述椭圆形状的两个向量。它们与椭圆的中心点一起，共同决定椭圆在图形空间中的位置、形状和大小。

1）长轴向量是一个指向椭圆上离中心最远的点的向量。它是椭圆的主轴，决定椭圆在水平方向上的大小。长轴向量的长度通常被称为长半轴。

2）短轴向量是一个垂直于长轴向量的向量，它与长轴向量共同定义了椭圆的形状。短轴向量的长度通常被称为短半轴。

椭圆的长轴和短轴之间的关系以及它们与中心点的关系，决定椭圆的形状是扁平的还是拉长的。通过调整长半轴和短半轴的长度，可以创建各种不同形状的椭圆。

旋转角度是指椭圆相对于基准位置的旋转程度。通过旋转角度可以使椭圆倾斜或旋转。

在CAD二次开发中，可以使用不同的构造函数创建圆、圆弧、椭圆实体。构造函数可以接收不同的参数，如半径、中心点、起点和终点等，用于初始化实体的属性。通过选择适当的构造函数和提供正确的参数，可以创建出所需的圆、圆弧和椭圆。

### （二）圆、圆弧和椭圆的构造函数

构造函数是一种特殊的函数，在创建对象时自动调用，用于初始化对象的属性和状态。

#### 1. 构造函数的性质

（1）与类同名　构造函数与其所属类具有相同的名称，用于标识该类的实例化过程。

（2）没有返回类型　构造函数没有明确的返回类型，因为它们的主要目的是创建对象，而不是返回特定的值。

（3）自动调用　构造函数在创建对象时自动调用，无须手动调用。当使用特定的构造函数创建圆、圆弧或椭圆实体时，构造函数会执行相应的操作。

在CAD二次开发中，不同的构造函数可以接收不同的参数，用于创建圆和圆弧实体并初始化它们的属性。

**2. 圆的构造函数**

对于圆的创建，常见的构造函数有以下几种：

（1）通过半径和中心点创建圆　该构造函数接收两个参数，即圆的半径和中心点坐标。通过提供半径和中心点的数值，可以创建一个具有指定半径和位置的圆。

（2）通过直径和中心点创建圆　该构造函数接收两个参数，即圆的直径和中心点坐标。通过提供直径和中心点的数值，可以创建一个具有指定直径和位置的圆。

**3. 圆弧的构造函数**

对于圆弧的创建，常见的构造函数有以下几种：

（1）通过半径、中心点、起点和终点创建圆弧　该构造函数接收四个参数，即圆弧的半径、中心点、起点和终点坐标。通过提供这些参数的数值，可以创建一个具有指定半径、位置和起始角度的圆弧。

（2）通过圆心角、半径和中心点创建圆弧　该构造函数接收三个参数，即圆心角、半径和中心点坐标。通过提供这些参数的数值，可以创建一个具有指定圆心角、半径和中心点位置的圆弧。

**4. 椭圆的构造函数**

对于椭圆的创建，常见的构造函数有以下几种：

（1）通过中心点、长轴和短轴长度创建椭圆　该构造函数接收三个参数，即椭圆的中心点、长轴长度、短轴长度。通过提供这些参数的数值，可以创建一个具有指定中心点、长轴长度和短轴长度的椭圆。

（2）通过中心点、长轴长度和长轴与 $X$ 轴的夹角创建椭圆　该构造函数接收三个参数，即椭圆的中心点、长轴长度和长轴与 $X$ 轴的夹角。通过提供这些参数的数值，可以创建一个具有指定中心点、长轴长度和长轴与 $X$ 轴的夹角的椭圆。

**5. 构造函数的使用注意事项**

这些构造函数提供了不同的参数组合，以满足创建圆、圆弧和椭圆实体时的不同需求。在使用构造函数构造圆、圆弧和椭圆实体时，需要注意以下几点：

（1）参数的选择　构造函数的参数应根据圆、圆弧和椭圆实体的属性需求来选择。例如，对于圆来说，常见的参数是圆心和半径；对于圆弧来说，常见的参数是起点、终点和半径等。

（2）参数的正确性　应确保提供的参数符合几何要求，并且能够正确地定义所需的实体。例如，半径不能为负数，起点和终点不能重合，椭圆的长轴和短轴长度应符合几何关系等。

（3）初始化对象的属性　构造函数应使用二次开发中提供的参数来初始化圆、圆弧和椭圆实体的属性，确保对象在创建后具有正确的属性值。

（4）构造函数重载　根据需要，可以为圆、圆弧和椭圆实体定义多种构造函数，并根据参数的不同进行重载。这样可以提供更多灵活性和便利性，以适应不同的创建需求。

总之，在使用不同的构造函数创建圆、圆弧和椭圆实体时，需要根据实际需求选择合适的构造函数，并提供正确的参数值。通过调用相应的构造函数，CAD 二次开发可以根据提供的参数自动创建相应的圆、圆弧和椭圆实体，并初始化它们的属性。这样就能够灵活地创建不同属性的圆、圆弧和椭圆，满足绘图和设计的要求。

### （三） 函数重载

函数重载（function overloading）是指在同一个作用域内，可以定义多个同名但参数列表不同的函数。函数重载允许使用相同的函数名来处理不同类型或不同数量的参数，从而提供更灵活的函数调用方式。

函数重载的特点：①函数名称相同，即函数重载需要使用相同的函数名称；②参数列表不同，即函数重载要求函数的参数列表不同，可以包括参数的数量、类型或顺序的差异；③返回类型不影响函数重载，即函数的返回类型不会影响函数重载，因为函数重载是通过参数列表来区分的。

函数重载的优势在于可以根据不同的参数需求提供更多灵活的函数接口，使函数调用更简洁、方便，并提高代码的可读性和可维护性。以下是几个例子，可以帮助读者更好地理解函数重载在 CAD 二次开发中的应用。

**1. 创建图形实体**

createCircle(radius)：根据给定的半径创建一个圆。

createCircle(center,radius)：根据给定的中心点坐标和半径创建一个圆。

createCircle(center,radius,attributes)：根据给定的中心点坐标、半径和属性创建一个圆。

**2. 绘制图形实体**

drawEntity(entity)：绘制指定的图形实体。

drawEntity(entity,color)：以指定的颜色绘制图形实体。

drawEntity(entity,color,lineType)：以指定的颜色和线型绘制图形实体。

**3. 修改图形属性**

setEntityColor(entity,color)：设置图形实体的颜色。

setEntityLayer(entity,layer)：设置图形实体所在的图层。

setEntityLinetype(entity,linetype)：设置图形实体的线型。

在以上例子中，同名函数根据不同的参数列表来区分。通过函数重载，可以根据具体的需求调用相应的函数，而无须为每种情况编写不同的函数名称。这使得函数调用更简洁、明了，提高了代码的可读性和可维护性。

在 CAD 二次开发中，函数重载常用于处理不同类型或不同数量的参数。例如，在绘图操作中，可以定义多个重载的函数来处理不同形状、尺寸或属性的实体对象。这样，开发者可以根据具体需要调用相应的函数，从而实现更灵活的绘图操作。

### （四） 文字的基本属性

在 CAD 二次开发中，文字是绘图中常用的元素之一。以下是文字的基本属性：

**1. 文字内容（text content）**

文字对象的主要属性是其文本内容，即要在绘图中显示的文字字符串，可以通过设置文本内容来定义文字的具体信息。

**2. 位置（position）**

文字对象的位置属性指定了文字在绘图中的放置位置。位置可以由坐标点（如二维平面中的 $X$ 和 $Y$ 坐标）或其他位置参考方式（如基线点和对齐点）来确定。

**3. 高度（height）**

文字的高度属性定义了文字字符的大小。高度通常以绘图单位（如毫米、英寸等）来表示，它决定了文字在绘图中的实际显示大小。

**4. 字体**（font）

文字的字体属性决定了文字字符的外观和风格，包括字体名称、字体样式（如加粗、斜体等）和字体大小。

**5. 对齐方式**（alignment）

文字可以根据其位置属性进行对齐，如左对齐、右对齐、居中对齐等。对齐方式可以影响文字在绘图中的布局和对齐。

**6. 旋转角度**（rotation）

文字的旋转角度属性定义了文字的方向，可以使文字水平、竖直或以任意角度旋转。

**7. 对象颜色**（color）

文字对象的颜色属性决定了文字在绘图中的颜色，可以通过指定颜色值或使用预定义的颜色来设置文字的颜色。

以上是文字在 CAD 二次开发中的基本属性，通过设置这些属性，可以创建具有不同样式和布局的文字对象，并将其添加到绘图中。根据具体的需求，可以调整这些属性来实现所需的文本效果。

## 任务一　创　建　圆

**1. 相关知识**

在 ZRX 中，AcDbCircle 类是 ZWCAD 中用于表示圆的类。它是 ZWCAD 数据库对象的一种，派生自 AcDbCurve 类。AcDbCircle 类提供描述圆的属性和操作的方法。

下面是一些常用的属性和方法：

1）圆心坐标：通过 center( ) 方法获取圆心的坐标。

2）半径：通过 radius( ) 方法获取圆的半径。

3）法向量：通过 normal( ) 方法获取圆的法向量。

4）设置圆心坐标、半径和法向量：可以使用 setCenter( )、setRadius( )、setNormal( ) 等方法来设置圆的属性。

5）构造函数：AcDbCircle 类提供了多个构造函数，可以根据不同的参数创建圆的实例。

6）继承自 AcDbCurve 类的方法：AcDbCircle 还继承了 AcDbCurve 类的方法，如 getStartPoint( )、getEndPoint( )、getClosestPointTo( ) 等，用于操作和计算圆的几何属性。

在 CAD 二次开发中，使用 AcDbCircle 类创建、修改和查询圆的信息。通过调用 AcDbCircle 类的方法，可以获取圆的几何属性、设置圆的属性，并将其添加到 CAD 图形中。需要注意的是：在 CAD 二次开发中，使用 AcDbCircle 类需要包含相应的头文件，并在合适的上下文中操作 CAD 数据库。

AcDbCircle( ) 的结构体为

```
AcDbCircle(
    const AcGePoint3d& cntr,
```

```
            const AcGeVector3d& nrm,
            double radius);
```

AcDbCircle 的构造函数有以下参数：

cntr：圆的中心点坐标，使用 AcGePoint3d 类型表示。

nrm：圆所在平面的法向量，使用 AcGeVector3d 类型表示。

radius：圆的半径，使用双精度浮点数表示。

通过使用这些参数，可以创建一个具有指定中心、半径和法向量的圆对象。例如，以下示例代码展示了如何使用 AcDbCircle 的构造函数创建一个圆对象。

```
AcGePoint3d center(0,0,0);
AcGeVector3d normal(0,0,1);
double radius=10.0;
AcDbCircle * pCircle=new AcDbCircle(center,normal,radius);
```

此外，常常会遇到使用不同参数构造圆的情况，如使用圆心和半径构造一个圆，或使用直径的两个点构造一个圆。这些均可以使用不同的函数重载来完成，其代码为

```
//给定圆心和半径
AcDbObjectId CreateCircle (const AcGePoint3d & cenPt,const double radius);
//给定直径的两个点
AcDbObjectId CreateCircle(const AcGePoint2d & pt1,const AcGePoint2d & pt2);
```

**2. 整体代码示例**

（1）使用圆心坐标和半径创建一个圆

```
AcDbObjectId CreateCircle (const AcGePoint3d& cenPt,const double radius)
{
    // 创建一个默认法向量为(0,0,1)的圆
    AcGeVector3d normal(0,0,1);
    // 使用给定的圆心坐标、法向量和半径创建一个圆
    AcDbCircle * pCir=new AcDbCircle(cenPt,normal,radius);
    // 将圆添加到模型空间中,并返回其 ObjectId
    return UtilsFunc::PostToModel(pCir);
}
```

代码解析：该函数名为 CreateCircle，接收两个参数：cenPt 表示圆心坐标，radius 表示圆的半径。函数返回一个 AcDbObjectId 类型的值，表示创建的圆的对象标识符。

在函数内部，首先，定义一个默认法向量为（0,0,1），这是通常用于创建二维平面上

的圆的法向量；然后，使用给定的圆心坐标、法向量和半径创建一个 AcDbCircle 对象，并将其赋值给指针变量 pCir；最后，通过调用名为 UtilsFunc::PostToModel 的辅助函数，将创建的圆添加到模型空间中，并返回其 AcDbObjectId。与直线绘制类似，要在 CAD 中显示该实体，需要将图形对象添加到相应的数据库中。

这个函数示例展示了如何使用给定的圆心坐标和半径创建一个圆，并将其添加到 CAD 的模型空间中。

（2）使用两个点创建一个圆

```
AcDbObjectId CreateCircle(const AcGePoint2d& pt1,const AcGePoint2d& pt2)
{
    //计算中点,即圆心
    double x = (pt1.x + pt2.x) * 0.5;
    double y = (pt1.y + pt2.y) * 0.5;
    double z = 0;
    AcGePoint3d cenPt(x,y,z);
    //计算半径
    double radius = pt1.distanceTo(pt2) * 0.5;
    //定义圆的法向量
    AcGeVector3d normal(0,0,1);
    //创建圆
    AcDbCircle * pCir = new AcDbCircle(cenPt,normal,radius);
    return UtilsFunc::PostToModel(pCir);
}
```

代码解析：这段代码使用两个点来创建一个圆。

首先，函数接收两个点 pt1 和 pt2 作为参数。根据这两个点，函数计算出圆的圆心和半径。计算圆心的过程是将两个点的 $x$ 坐标和 $y$ 坐标分别相加并除以 2，得到圆心的 $x$ 坐标和 $y$ 坐标。$z$ 坐标默认为 0，即圆所在的平面为 *XOY* 平面。计算半径的过程是通过计算 pt1 和 pt2 两个点之间的距离，再将距离除以 2，得到圆的半径。

然后，函数定义了圆的法向量 normal，其值为 (0,0,1)，表示圆所在的平面为 *XOY* 平面。

最后，函数使用 AcDbCircle 类的构造函数创建一个圆对象，并将圆对象添加到 CAD 图形界面中。函数返回的是创建的圆对象的 ObjectId，可以用于后续的操作。

这个示例函数展示了使用两个点来创建圆的方法，并利用了 AcDbCircle 类的构造函数来完成创建。

注意：代码中的 distanceTo() 是一个用于计算两个点之间距离的接口。在 CAD 二次开发中，它通常是由几何类库（如 AcGePoint2d 和 AcGePoint3d）提供的方法之一。distanceTo() 方法用于计算一个点到另一个点的欧氏距离。它接收一个参数，即另一个点的坐标，然后返回两个点之间的距离值。

代码中的 pt1 和 pt2 是 AcGePoint2d 类的实例,它们代表二维平面上的两个点。通过调用 pt1.distanceTo(pt2),可以计算出 pt1 和 pt2 之间的距离。这个方法对于计算点之间的距离非常有用,可以在各种 CAD 二次开发场景中使用,如计算两个点之间的线段长度、圆的半径等。

## 任务二 创建圆弧

### 1. 相关知识

(1) 圆弧类 AcDbArc 是 AutoCAD 中用于表示圆弧的类。它是从 AcDbCurve 类继承而来的,提供了创建和操作圆弧的功能。其结构体为

```
AcDbArc(
    const AcGePoint3d& center,
    const AcGeVector3d& normal,
    double radius,
    double startAngle,
    double endAngle
);
```

AcDbArc 的构造函数有以下参数:
center:圆弧的中心点坐标,使用 AcGePoint3d 类型表示。
normal:圆弧所在平面的法向量,使用 AcGeVector3d 类型表示。
radius:圆弧的半径,使用双精度浮点数表示。
startAngle:圆弧的起始角度,以弧度为单位,表示圆弧的起始点相对于圆心的角度。
endAngle:圆弧的结束角度,以弧度为单位,表示圆弧的结束点相对于圆心的角度。

通过使用这些参数,可以创建一个具有指定中心、半径、起始角度和结束角度的圆弧对象。例如,以下示例代码展示了如何使用 AcDbArc 的构造函数创建一个圆弧对象。

```
AcGePoint3d center(0,0,0);
AcGeVector3d normal(0,0,1);
double radius=10.0;
double startAngle=0.0;              // 起始角度为 0°
double endAngle=1.5 * PI;           // 结束角度为 270°
AcDbArc * pArc=new AcDbArc(center,normal,radius,startAngle,endAngle);
```

将圆弧的构造函数和圆的构造函数进行对比,可以发现它们的构造函数是类似的,只是 AcDbArc 多了两个角度的选项,也可以理解为圆其实是起始角度和终止角度重合的圆弧。

(2) 几何类 在 CAD 二次开发中,几何类是一组用于处理和表示几何图形的类。这些几何类提供了各种方法和属性,用于操作和计算点、向量、线段、圆、圆弧、多边形等几何元素。

几何类在 CAD 二次开发中非常重要，因为它们提供了处理和操作几何图形所需的基本功能。通过使用几何类，开发者可以轻松地进行几何计算、属性提取和图形操作，以实现自定义的绘图、分析和修改功能。几何类的使用有助于简化几何图形的处理过程，提供了高效且准确的几何计算方法。它们可以用于创建、编辑、查询和转换几何图形对象，使开发者能够以更直观和灵活的方式操作图形数据。

下面使用三个点来创建圆弧，其函数为

```
AcDbObjectId CreateArc(
const AcGePoint2d& ptStart,
const AcGePoint2d& ptOnArc,
const AcGePoint2d& ptEnd)
```

其中有些数据如果直接通过数值计算会很复杂，不过软件的几何类封装了很多常用的计算，比如：

```
//使用几何类获取半径、圆心
AcGeCircArc2d getArc(ptStart,ptOnArc,ptEnd);
AcGePoint2d ptCenter=getArc.center();
double radius=getArc.radius();

//使用几何类计算起始角度和终止角度
AcGeVector2d vecStart(ptStart.x - ptCenter.x,ptStart.y - ptCenter.y);
AcGeVector2d vecEnd(ptEnd.x - ptCenter.x,ptEnd.y - ptCenter.y);
double startAngle=vecStart.angle();
double endAngle=vecEnd.angle();
```

代码解析：在上述代码中，使用了几何类 AcGe 来计算圆弧的属性，包括半径、圆心、起始角度和终止角度。

AcGeCircArc2d 是一个几何类，用于表示二维圆弧。为获取半径和圆心，通过使用 getArc() 方法，可以创建一个 AcGeCircArc2d 对象，该对象由给定的起点、经过点和终点定义了一个圆弧。调用 center() 方法可以获取圆弧的圆心，返回一个 AcGePoint2d 对象。调用 radius() 方法可以获取圆弧的半径，返回一个双精度浮点数。

为计算起始角度和终止角度，使用 AcGeVector2d 类创建两个向量对象，分别表示起点到圆心的向量和终点到圆心的向量。调用 angle() 方法可以计算向量与 $X$ 轴之间的夹角（弧度），返回一个双精度浮点数。通过计算起点和终点向量与 $X$ 轴之间的夹角，可以得到圆弧的起始角度和终止角度。

## 2. 整体代码示例

```
AcDbObjectId CreateArc (const AcGePoint2d& ptStart, const AcGePoint2d& ptOnArc,const AcGePoint2d& ptEnd)
{
```

```
//使用几何类获取半径、圆心
AcGeCircArc2d getArc(ptStart,ptOnArc,ptEnd);
AcGePoint2d ptCenter=getArc.center();
double radius=getArc.radius();

//使用几何类计算起始角度和终止角度
AcGeVector2d vecStart(ptStart.x - ptCenter.x,ptStart.y - ptCenter.y);
AcGeVector2d vecEnd(ptEnd.x - ptCenter.x,ptEnd.y - ptCenter.y);
double startAngle=vecStart.angle();
double endAngle=vecEnd.angle();

//创建一个三维的圆心坐标 cen3d,将圆心的 x、y 坐标与 0 构成三维点
AcGePoint3d cen3d(ptCenter.x,ptCenter.y,0);
//创建一个法向量 normal,这里使用(0,0,1)来表示圆弧所在平面的法向量
AcGeVector3d normal(0,0,1);
//使用圆心、法向量、半径、起始角度和终止角度创建一个 AcDbArc 对象 pArc
AcDbArc * pArc=new AcDbArc(cen3d,normal,radius,startAngle,endAngle);

return UtilsFunc::PostToModel(pArc);
}
```

## 任务三 创建椭圆

**1. 相关知识**

椭圆的构造函数为

```
AcDbEllipse(
    const AcGePoint3d& center,
    const AcGeVector3d& unitNormal,
    const AcGeVector3d& majorAxis,
    double radiusRatio,
    double startAngle=0.0,
    double endAngle=6.28318530717958647692);
```

AcDbEllipse 是 CAD 中表示椭圆的类,其构造函数的参数解释如下:
center:椭圆的中心点坐标(AcGePoint3d 类型)。
unitNormal:椭圆所在平面的法向量(AcGeVector3d 类型),用于确定椭圆所在的平面。
majorAxis:椭圆的长轴向量(AcGeVector3d 类型),用于确定椭圆的长轴方向和长度。

radiusRatio：椭圆的长轴与短轴的比值。短轴长度可以通过长轴长度与 radiusRatio 相乘得到。

startAngle：椭圆的起始角度，以弧度表示，默认值为 0.0。

endAngle：椭圆的终止角度，以弧度表示，默认值为 $2\pi$。

通过给定的参数，可以使用 AcDbEllipse 类的构造函数创建一个椭圆实体。其中，中心点、法向量、长轴向量和比值参数是创建椭圆的基本要素，而起始角度和终止角度用于指定椭圆的弧段范围。但是在实际应用中，常常是使用椭圆的中心点、长轴长度和短轴长度来创建一个椭圆，并封装一个在 XOY 平面上创建椭圆的函数，并且默认长轴是平行于 X 轴的。

**2. 整体代码示例**

```
AcDbObjectId CreateEllipse(const AcGePoint2d & cenPt,const double majorLength,const double minorLength);//函数声明
//实现
AcDbObjectId CreateEllipse (const AcGePoint2d& cenPt,const double majorLength,const double minorLength)
{
    //定义椭圆中心点
    AcGePoint3d cen(cenPt.x,cenPt.y,0);
    //定义椭圆法向量
    AcGeVector3d unitNormal(0,0,1);
    //定义椭圆长轴向量,起点默认是(0,0,0)
    AcGeVector3d majorAxis(majorLength/2,0,0);
    //定义长短轴比值
    double radius=minorLength / majorLength;
    AcDbEllipse * pEllipse=new AcDbEllipse(cen,unitNormal,majorAxis,radius);
    return UtilsFunc::PostToModel(pEllipse);
}
```

代码解析：这段代码用于在 CAD 二次开发中创建椭圆，CreateEllipse 函数接收椭圆的中心点（AcGePoint2d 类型）、长轴长度和短轴长度作为参数。

在函数内部的实现中，首先将传入的中心点坐标转换为 AcGePoint3d 类型的对象。然后定义椭圆所在平面的法向量为 (0,0,1)，表示在 XOY 平面上创建椭圆。接下来，通过给定的长轴长度和短轴长度，计算出长轴向量，其中起点默认为 (0,0,0)。再计算长短轴比值，即短轴长度与长轴长度的比值。

使用 AcDbEllipse 类的构造函数创建一个椭圆实体，然后通过调用 UtilsFunc::PostToModel 函数将创建的椭圆实体提交到模型空间中，并返回椭圆实体的 ObjectId。最后，通过调用 CreateEllipse 函数，就可以在 CAD 中创建一个椭圆实体。

## 任务四　创建文字

**1. 相关知识**

当在 AutoCAD 中处理文字时，通常使用两种类型来表示文字：AcDbText（单行文字）和 AcDbMText（多行文字）。

（1）AcDbText（单行文字）　AcDbText 用于表示单行的文本内容，通常用于显示短语、标注或简短的句子。单行文字只能显示一行文本，不具备自动换行的能力。如果文本内容超出了单行文字的长度，文本将被裁剪或截断。

（2）AcDbMText（多行文字）　AcDbMText 用于表示多行的文本内容，适用于包含长文本、段落式文本或需要更灵活的文本布局的情况。多行文字具有自动换行的功能，文本内容可以跨越多行，并根据设定的文本样式进行排版和布局。这使得多行文字更适合处理大段文本或需要更复杂文本布局的情况。

在 CAD 二次开发中，可以使用相应的构造函数创建单行文字和多行文字对象，并设置它们的属性。

（3）创建单行文字（AcDbText）对象的构造函数

```
AcDbText(const AcGePoint3d& position,double height,const ACHAR * text,
const AcDbObjectId& style=AcDbObjectId::kNull,double rotation=0.0);
```

该构造函数接收以下参数：
position：文本的插入点（位置）。
height：文本的高度。
text：要显示的文本字符串。
style（可选）：文本的样式（字体、大小等），默认值为 AcDbObjectId::kNull。
rotation（可选）：文本的旋转角度，默认为 0.0。

（4）创建多行文字（AcDbMText）对象的构造函数

```
AcDbMText(const AcGePoint3d& location,double width,const ACHAR *
text,const AcGeVector3d& normal,double rotation=0.0,double height=
0.0,const ACHAR * style=NULL,double lineSpacingStyle=AcDb::kAtLeast,
double lineSpacingFactor=1.0);
```

该构造函数接收以下参数：
location：文本的插入点（位置）。
width：文本框的宽度。
text：要显示的文本字符串。
normal：文本的法向量。
rotation（可选）：文本的旋转角度，默认为 0.0。
height（可选）：文本的高度，默认为 0.0，表示使用当前样式的高度。
style（可选）：文本的样式（字体、大小等），默认为 NULL，表示使用当前样式。

lineSpacingStyle（可选）：行间距的样式，默认为 AcDb::kAtLeast，这个值表示行间距至少为指定的行高度，以确保行之间不会过于紧凑。

lineSpacingFactor（可选）：行间距的因子，默认为 1.0。

**2. 整体代码示例**

（1）单行文字代码

```
void ZWCreateText()
{
    AcDbText * pText=new AcDbText(AcGePoint3d(0,20,0),TEXT("单行文字\n 单行文字第二行\n"));
    UtilsFunc::PostToModel(pText);
}
```

（2）多行文字代码

```
void ZWCreateMText()
{
    AcDbMText * pMText=new AcDbMText();
    pMText→setLocation(AcGePoint3d(10,10,0));
    pMText→setContents(TEXT("多行文字\n 多行文字第二行"));
    pMText→setTextHeight(2.5);
    pMText→setWidth(50);

    UtilsFunc::PostToModel(pMText);
}
```

代码解析：在多行文字代码中，首先创建了一个 AcDbMText 对象 pMText，然后通过一系列函数调用来设置其属性。setLocation() 设置多行文字对象的插入点位置为 (10,10,0)。setContents() 设置多行文字对象的文本内容为 "多行文字\n 多行文字第二行"。setTextHeight() 设置多行文字对象的文本高度为 2.5。setWidth() 设置多行文字对象的文本框宽度为 50。最后，使用 UtilsFunc::PostToModel() 将多行文字对象添加到模型空间中。

通过这段代码，创建了一个包含多行文字的对象，并设置了其位置、内容、文本高度和宽度等属性。在实际的 CAD 二次开发中，可以根据需要使用更多的函数和属性来定制和操作多行文字对象。

【任务评价】

在本章中，通过四个任务深入了解了 CAD 二次开发中的图形绘制功能。需要通过创建圆的任务学会如何利用 CAD 开发工具中的类方法来生成标准的几何形状。在创建圆弧和椭圆的任务中，需要更精确地控制圆弧的起点、终点和半径，以及椭圆的各种参数，理解 CAD 中曲线生成算法的重要意义，理解 CAD 系统中如何表达和构建更复杂的几何形状。而创建文字任务涉及 CAD 中文本处理的特殊性，需要

CAD二次开发

学会如何在 CAD 中创建文字实体，并且掌握如何设置文字样式、字体、大小和位置等属性。这对于开发者来说也极为重要。

 【知识测试】

1. 什么是 CAD 二次开发中的构造函数？它的作用是什么？
2. 在 CAD 二次开发中，如何使用构造函数创建一个圆弧实体对象？
3. 在 CAD 二次开发中，如何使用构造函数创建一个椭圆实体对象？
4. 在 CAD 二次开发中，如何使用构造函数创建一个多行文字对象？
5. 什么是函数重载？在 CAD 二次开发中，举一个使用函数重载的例子。
6. 什么是函数封装？在 CAD 二次开发中，为什么要使用函数封装？
7. 在 CAD 二次开发中，创建文字对象时需要注意哪些事项？
8. 在 CAD 二次开发中，如何获取圆弧对象的起始角度和终止角度？

 【课后拓展】

1. 使用 ZRX 向导创建一个新项目，编写代码以执行以下任务：
1）创建一个圆，将其半径设置为 10 个单位，中心点位于坐标（0，0）。
2）创建一个圆弧，其起点位于圆的正上方，终点位于圆的右侧，角度为 90°。
2. 在上面创建的 ZRX 项目中尝试以下操作：
1）在圆的上方添加一个文本，内容为"圆形"。
2）在圆弧的中心位置添加一个文本，内容为"弧形"。
3）编写代码来实现上述标注文本的添加，并确保文本与图形正确对齐。

# 第四章 几何变换

ZWCAD 二次开发中,几何变换是一个非常重要的概念。它涉及在 ZWCAD 软件中对二维或三维实体进行旋转、平移、缩放等变换操作,从而改变实体的形状和位置。几何变换可以应用于各领域的 CAD 二次开发,如工程设计、制造、建筑、艺术等。它可以用于制作各种自定义的图形、模型和动画,以及实现各种自定义的 CAD 功能和应用程序。在 CAD 二次开发中,掌握几何变换的基本原理和方法,是实现各种自定义功能和应用的关键,其基本原理和方法是任何一位 CAD 二次开发者都必须掌握的基础知识之一。

**知识目标**

1) 掌握 ZWCAD 二次开发中图形几何变换(如平移、缩放、旋转、镜像)的基本原理。
2) 掌握图形的复制、阵列变化以及偏移变换方法。
3) 掌握在 ZWCAD 中实现图形基本变换的一般过程。
4) 理解实现图形变换的代码的基本原理,并掌握相关代码的编写方法。

**技能目标**

1) 学会编写 ZRX 程序在 ZWCAD 中进行图形的几何变换,包括平移、缩放、旋转、镜像变换。
2) 学会编写 ZRX 程序在 ZWCAD 中进行图形的复制、阵列变化以及偏移变换。

**素质目标**

1) 熟练使用 CAD 软件的图形变换基本操作,包括常用的菜单、工具栏、快捷键等。
2) 掌握图形几何变换的一般过程,能够对较为复杂的几何图形实现几何变换。
3) 熟练运用图形变换功能,能够编写代码来自动执行变换操作,并处理大量的图形数据。

**知识讲解**

平移、缩放、旋转、镜像这些变换是通过变换矩阵来实现的。将实体的坐标放进矩阵中，可通过矩阵变换来改变坐标。具体的变换过程在实际开发中可以不用考虑，CAD 软件中已经封装好，直接使用即可。矩阵的直接引用是对实体或者选择集进行几何变换，但是它实际上是一个功能非常完善的类。一般在对实体进行变换时会用到 AcGeMatrix3d。它是 AcDbEntity::transformBy 函数的参数，内部包含了平移、缩放和旋转的实现，具体如下：

setToMirroring：设置以某一点为对称的镜像变换。
setToRotation：设置绕某一点旋转一定角度的旋转变换。
setToScaling：设置以某一个基点缩放一定比例的缩放变换。
setToTranslation：设置以某个向量为移动基准的移动变换。
det：计算矩阵对应的行列式的值。
inverse：计算矩阵的逆矩阵，原矩阵不受影响。
invert：对矩阵进行逆矩阵操作，返回该矩阵的引用。
transpose：计算矩阵的转置矩阵，原矩阵不受影响。
transposeIt：对矩阵进行转置操作，返回该矩阵的引用。

在 CAD 二次开发中进行几何变换时，通常不需要手动计算变换矩阵，可通过构造矩阵的方法实现变换。只需事先构建好不同的变换矩阵，然后通过实体的 transformBy 方法即可完成对应的几何变换操作。

具体而言，可以通过一些常见的几何变换公式（如平移、旋转、缩放等）构造变换矩阵，然后将矩阵作为参数传入实体的 transformBy 方法中，即可完成对实体的变换操作。这种方法可以避免手动计算变换矩阵时的繁琐和容易出错的问题，提高了开发效率和准确性。

## 任务一　平移、缩放、旋转、镜像变换

**1. 相关知识**

如果要完成平移、缩放、旋转、镜像变换，首先要选中一个要进行变换的实体，然后创建一个变换矩阵，再设置变换类型和相应参数，变换完成后关闭实体，这样就完成了实体的变换。图形变换流程图如图 4-1 所示。

**2. 开发步骤细节**

步骤 1：创建项目。启动 Visual Studio 2017，使用 ZRX 向导创建一个项目，命名为 Transform。弹出 ZRX project wizard 对话框，若其中有 "Extension MFC DLL using shared MFC DLL"，则勾选该选项；若没有，则需要更新 SDK 版本。

步骤 2：选中实体。平移、缩放、旋转、镜像都是对实体的操作，所以要选中实体（详见第八章）。

需要注意的是：当同时涉及平移、缩放、旋转、镜像变换中的两个或者多个实体时，需要考虑它们之间的顺序。按不同的顺序操作后会得到不同的结果，即使其中的数据不发生改变。

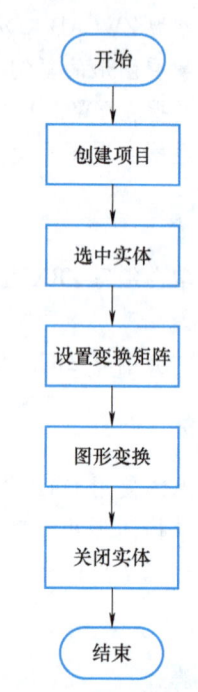

图 4-1　图形变换流程图

步骤3：设置变换矩阵。

```
//设置平移矩阵
AcGeMatrix3d transformMatrix;
transformMatrix.setToTranslation(AcGeVector3d(100,100,0));
```

代码解析：首先通过 AcGeMatrix3d transformMatrix 创建一个新的平移矩阵 transformMatrix，使用 setToTranslation 的方法输入一个平移变换为 $x+100$，$y+100$，$z$ 不变的向量 AcGeVector3d (100,100,0)。

```
//设置旋转矩阵
AcGeMatrix3d transformMatrix;
transformMatrix.setToRotation(-PI * 0.5,AcGeVector3d(0,0,1));
```

代码解析：与设置平移矩阵相同，先通过 AcGeMatrix3d transformMatrix 创建一个新的旋转矩阵 transformMatrix，变换方法为 setToRotation。该方法的参数分别是旋转角度、主轴向量以及旋转中心点。旋转角度采用弧度制计算，主轴向量参数（0,0,1）表示只在 *XOY* 平面旋转，中心点若不设置，默认为原点。

```
//设置镜像矩阵
AcGeMatrix3d transformMatrix;
AcGeLine3d mirrorLine (AcGePoint3d (10,10,0),AcGePoint3d (10,-10,0));
transformMatrix.setToMirroring(mirrorLine);
```

代码解析：同样，需要先创建一个镜像矩阵 transformMatrix，镜像变换的方法为 setToMirroring，镜像变换是以镜像线为轴进行镜像变换的，这条镜像线就是 setToMirroring 方法的参数，而 mirrorLine 方法可以通过两点生成进行镜像变换需要的镜像线。

```
//设置缩放矩阵
AcGeMatrix3d transformMatrix;
transformMatrix.setToScaling(2);
```

代码解析：创建缩放矩阵的操作与设置平移矩阵一致，但缩放方法使用的是 setToScaling() 方法，其主要参数为缩放倍数，若中心点不设置，默认为原点。

步骤4：图形变换。通过 transformBy 函数对矩阵进行操作变换，该函数的参数就是上面所设置的变换矩阵。

```
pEnt→transformBy(transformMatrix);
```

步骤5：关闭实体。

```
pEnt→close();
```

3. 整体代码示例

```cpp
#define PI 3.1415926535
void SelectEnt(AcDbEntity *& pEnt)
{
    ads_name ent;
    ads_point pt;
    int rc=RTNONE;
    rc=acedEntSel(TEXT("请选择一个实体"),ent,pt);
    if(rc!=RTNORM)
    {
        return;
    }
    AcDbObjectId entId;
    acdbGetObjectId(entId,ent);
    acdbOpenObject(pEnt,entId,AcDb::kForWrite);
    return;
}
void EntTranslate()
{
    AcDbEntity* pEnt{ nullptr };
    SelectEnt(pEnt);

    //设置平移矩阵
    AcGeMatrix3d transformMatrix;
    transformMatrix.setToTranslation(AcGeVector3d(100,100,0));
    pEnt->transformBy(transformMatrix);
    pEnt->close();
}
void EntRotate()
{
    AcDbEntity* pEnt{ nullptr };
    SelectEnt(pEnt);
    //设置旋转矩阵
    AcGeMatrix3d transformMatrix;
    transformMatrix.setToRotation(-PI * 0.5,AcGeVector3d(0,0,1));
    pEnt->transformBy(transformMatrix);
    pEnt->close();
}
```

```cpp
void EntMirror()
{
    AcDbEntity* pEnt{ nullptr };
    SelectEnt(pEnt);
    //设置镜像矩阵
    AcGeMatrix3d transformMatrix;
    AcGeLine3d mirrorLine(AcGePoint3d(10,10,0),AcGePoint3d(10,-10,0));
    transformMatrix.setToMirroring(mirrorLine);
    pEnt->transformBy(transformMatrix);
    pEnt->close();
}
void EntScale()
{
    AcDbEntity* pEnt{ nullptr };
    SelectEnt(pEnt);
    //设置缩放矩阵
    AcGeMatrix3d transformMatrix;
    transformMatrix.setToScaling(2);
    pEnt->transformBy(transformMatrix);
    pEnt->close();
}
```

## 任务二 复制实体

**1. 相关知识**

复制实体会调用 CAD 对象的 Clone 接口，它可以返回任意一个 clone 的对象。对于实体对象，可以直接使用（AcDbEntity*）(pEnt->clone()) 的方式获取新克隆的实体。最后把实体添加到数据库中。复制实体流程图如图 4-2 所示。

```cpp
//克隆
AcDbEntity* newEnt=(AcDbEntity*)(pEnt->clone());
```

代码解析：使用 AcDbEntity 的 clone() 方法对实体进行克隆，因为该方法是写在基类 AcDbObject 中的，所以要将其转换成 AcDbEntity 类型使用。

```cpp
void EntClone()
{
    AcDbEntity* pEnt{ nullptr };
```

```
SelectEnt(pEnt);
AcDbEntity * newEnt=(AcDbEntity *)(pEnt→clone());
pEnt→close();

AcGeMatrix3d transformMatrix;
transformMatrix.setToTranslation(AcGeVector3d(100,100,0));
newEnt→transformBy(transformMatrix);
UtilsFunc::PostToModel(newEnt);
}
```

代码解析：这段代码先使用 clone 函数得到选中实体的克隆实体，然后将该克隆实体进行一次平移操作，便于区分。复制操作比较简单，但不要忘记把克隆后的实体添加到模型空间中并关闭原来的实体。

**2. 运行效果**

克隆的实体经过 setToTranslation 函数进行了一次平移，新实体相对于源实体 $x$ 和 $y$ 值均增加了 100。运行效果如图 4-3 所示。

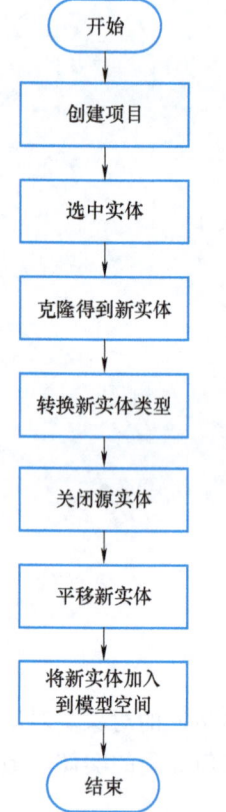

图 4-2　复制实体流程图

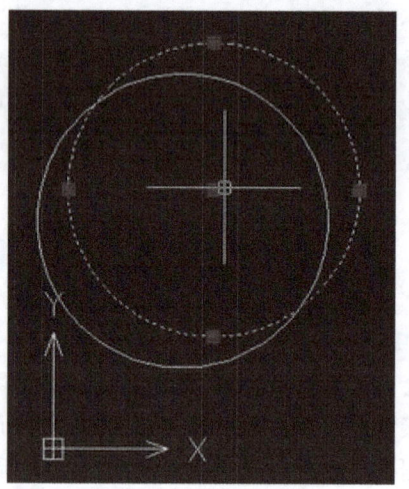

图 4-3　实体复制样例图

## 任务三　阵　列　实　体

**1. 相关知识**

阵列也是对已有的实体进行变换，在 CAD 中有三种阵列方式，分别是矩形阵列、路径阵列和环形阵列，如图 4-4 所示，其中矩形阵列最为常用。

第四章 几何变换

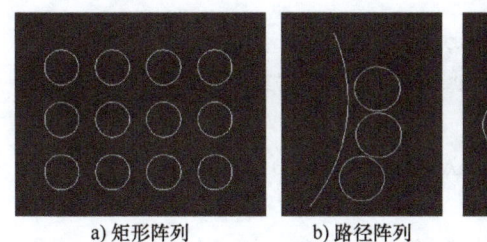

a) 矩形阵列　　　b) 路径阵列　　　c) 环形阵列

图 4-4　实体阵列样例图

阵列主要通过 AcAxArrayRectangular 函数实现，AcAxArrayRectangular（）函数有如下参数：
AcDbObjectId& objId：代表要阵列实体的 ID。
LPDISPATCH pAppDisp：代表当前文档的 IDispatch。
int numRows：代表阵列的行数。
int numCols：代表阵列的列数。
int numLvls：代表阵列的层数。
double disRows：代表行间的距离。
double disCols：代表列间的距离。
double disLvls：代表层间的距离。
VARIANT * pArrayObjs：代表阵列后的物体。

其中，有些参数（如 VARIANT * pArrayObjs 和 LPDISPATCH pAppDisp）在实际开发中可以不用考虑，有特定的方法填入，主要需处理的是实体的 ID、行数、列数、层数以及间距。阵列实体流程如图 4-5 所示。

**2. 开发步骤细节**

步骤 1：添加三个头文件，分别是 rxmfcapi.h、zaxdb.h 和 axboiler.h。

步骤 2：选中实体。

步骤 3：设置阵列函数。

```
void EntRectArray()
{
    AcDbEntity* pEnt{ nullptr };
    SelectEnt(pEnt);

    AcDbObjectId id=pEnt→objectId();
    pEnt→close();

    //构造 pDisp 参数和 pArrayObjs 参数
    LPDISPATCH pDisp;
    VARIANT pArrayObjs;
```

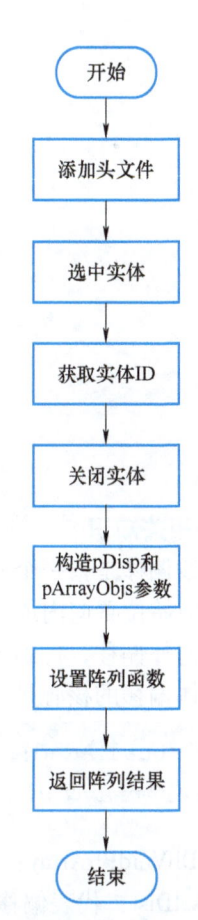

图 4-5　阵列实体流程图

53

```
            VariantInit(&pArrayObjs);
            V_VT(&pArrayObjs)=VT_ARRAY|VT_DISPATCH;
            HRESULT hr;
            pDisp=acedGetAcadWinApp()→GetIDispatch(true);

            hr=AcAxArrayRectangular(id,pDisp,1,3,1,1,200,1,&pArrayObjs);
        }
```

代码解析：这段代码首先获取用于阵列的实体 ID，然后构造 pDisp 参数和 pArrayObjs 参数，最后设置阵列函数的参数。

**3. 运行效果**

AcAxArrayRectangular 函数中的参数含义为：构造一个 1 行 3 列 1 层，列间距为 200 的阵列，运行效果如图 4-6 所示。

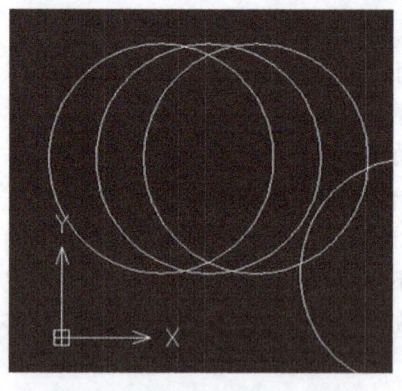

图 4-6　阵列设置样例图

## 任务四　曲线偏移

**1. 相关知识**

曲线偏移是指一个实体表面按照指定的距离进行偏移，常用来改变孔的大小。可以选择将面从原始位置向内或向外偏移指定的距离，从而扩大或者缩小孔径。图 4-7 所示为一个矩形经过向外偏移，得到了一个外边框。

实体偏移的核心是通过 getOffsetCurves 函数实现的，其结构为

```
    virtual Acad::ErrorStatus getOffsetCurves(double offsetDist,AcDb-
VoidPtrArray& offsetCurves)const;
```

AcDbVoidPtrArray：可以理解成实体的指针的集合，其中的元素是 AcDbEntity *。
offsetDist：代表偏移的距离。
offsetCurves：代表偏移之后的曲线的集合。有些曲线偏移之后不一定能保持原来的形状

和类型，可能是多条线段，如图 4-8 所示。

图 4-7　矩形曲线偏移样例图

图 4-8　复杂曲线偏移样例图

需要注意的是，只有曲线及其派生类有偏移的方法，文字、块等是无法使用这种方法的。getOffsetCurves 函数会返回偏移后的实体。最后需要把偏移后的实体添加到模型空间中。曲线偏移流程如图 4-9 所示。

**2. 开发步骤细节**

步骤 1：选中实体。因为偏移也是对某一曲线实体所进行的操作，所以需要先选中实体。

```
AcDbEntity * pEnt{ nullptr };
SelectEnt(pEnt);
```

步骤 2：将实体类型转换为曲线类型。

```
AcDbCurve * pCurve{ nullptr };
pCurve=dynamic_cast<AcDbCurve * >(pEnt);
```

这是判断选择的实体是否是 AcDbCurve（曲线类型）的过程，主要是使用 dynamic_cast 方法，这个方法可判断能否把 pEnt 向下转换成 AcDbCurve * 类型，如果不能，则返回空指针。

步骤 3：生成偏移曲线。

```
pCurve→getOffsetCurves(10,entPtrArray);
```

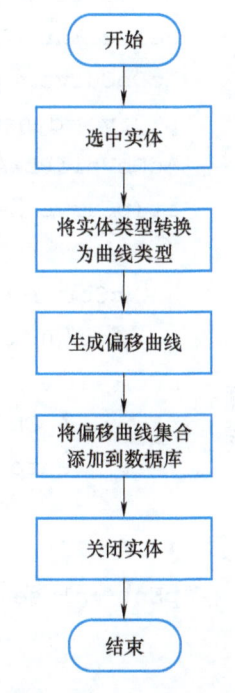

图 4-9　曲线偏移流程图

调用 getOffsetCurves() 函数，生成偏移曲线集合，生成的偏移曲线保存在 entPtrArray 数组中。

步骤 4：将偏移曲线集合添加到数据库。用循环将保存在 entPtrArray 数组中的多段偏移曲线依次添加到数据库中。

以 for 循环为例，其代码为

```
for(auto it:entPtrArray)
{
```

```
        AcDbEntity* pNewEnt=(AcDbEntity*)it;
        auto id=UtilsFunc::PostToModel(pNewEnt);
    }
```

步骤5：关闭实体。将原来偏移的曲线关闭。

```
pEnt→close();
```

**3. 整体代码示例**

```
void CurveOffset()
{
    AcDbEntity* pEnt{ nullptr };
    SelectEnt(pEnt);
    AcDbCurve* pCurve{ nullptr };
    pCurve=dynamic_cast<AcDbCurve*>(pEnt);
    AcDbVoidPtrArray entPtrArray;
    if(pCurve !=nullptr)
    {
        pCurve→getOffsetCurves(10,entPtrArray);
        for(auto it:entPtrArray)
        {
            AcDbEntity* pNewEnt=(AcDbEntity*)it;
            auto id=UtilsFunc::PostToModel((AcDbEntity*)it);
        }
    }
    pEnt→close();
}
```

要注意 AcDbVoidPtrArray 中的元素是一个未知类型指针，需要把它转换成 AcDbEntity* 后再使用。

【任务评价】

本章的任务在实际项目中会经常用到，通过本章的任务理解图形变换的概念，掌握对几何实体位置、形状或方向进行改变的方法。此外，熟练掌握基本的图形变换操作参数和选项也是非常必要的，需要熟记每种操作的原理、使用方法和常见应用场景，并能够根据需要调整变换的基准点、轴线、比例因子、角度等参数，以达到精确变换的水平。除此以外，还可以在实际项目中锻炼和应用图形变换，慢慢提高设计效率和质量，并为未来的学习和职业发展奠定基础。

第四章　几何变换

【知识测试】

1. 请解释在 ZWCAD 二次开发中的平移操作是如何实现的，包括所需的输入参数和实现步骤。
2. 请详细描述在 ZWCAD 二次开发中，旋转操作涉及的关键步骤和数据结构。
3. 请详细说明在 ZWCAD 二次开发中缩放操作的实现过程，包括缩放比例的计算和对象的变换过程。
4. 镜像操作在 ZWCAD 二次开发中的实现原理是什么？请解释其涉及的数学计算或算法。
5. 复制操作在 ZWCAD 二次开发中是如何实现的？请描述相关的数据结构和操作步骤。
6. 在 ZWCAD 二次开发中，阵列操作是如何实现的？请解释阵列操作涉及的关键步骤和算法，并讨论如何指定阵列的基点、方向、数量和间距。
7. 曲线偏移在 ZWCAD 二次开发中的实现原理是什么？请解释曲线偏移的算法和步骤，并讨论如何处理曲线偏移中的特殊情况，如曲线自相交或与其他实体相交等。

【课后拓展】

1. 批量处理 CAD 文件：可以尝试实现批量处理的功能，选择多个 CAD 文件并进行批量操作，如图层修改、尺寸标注添加、实体复制等。
2. CAD 图形数据分析：可以研究 CAD 开发框架中的图形数据分析功能，如计算图形中的长度、面积或体积；也可以尝试用编写代码的方式实现这些计算，并将结果显示给用户。

# 第五章 尺寸标注和引线绘制

在 CAD 中有各种各样的标注，它们反映了各种实体的大小比例，可以用来校对实体的尺寸是否正确，对于图样来说是非常有必要的。本章主要介绍长度尺寸标注、半径和直径标注、角度标注和引线绘制等内容。

**知识目标**

1) 了解标注的基本概念、原理和方法，包括标注的类型、属性、参数、创建和修改等方面的知识。

2) 掌握标注的相关术语和概念，理解标注的作用和意义，熟悉标注的属性和参数，掌握标注的创建和修改方法等。

3) 掌握在 ZWCAD 中创建长度尺寸标注、半径和直径标注以及角度标注的方法。

4) 掌握在 ZWCAD 中进行引线绘制的方法。

**技能目标**

1) 熟练地通过编写 ZRX 程序在 ZWCAD 中创建和修改不同类型的标注，包括长度尺寸的标注、半径和直径的标注以及角度的标注等。

2) 掌握标注的各项参数设置和计算方法，能够根据实际需要灵活地选择基准对象、设置标注样式、修改标注文字和位置等。

3) 学会编写 ZRX 程序，在 ZWCAD 中实现引线的绘制。

**素质目标**

1) 熟练使用 CAD 软件的尺寸标注和引线绘制基本操作，包括常用的菜单、工具栏、快捷键等。

2) 通过规范的尺寸标注，养成良好的开发习惯。

**知识讲解**

**1. 标注的作用和类型**

标注是 CAD 图形中用于表达尺寸、位置、注释等信息的重要元素。标注可以分为尺寸标注、注释标注、表格标注等类型。尺寸标注用于表示实体的尺寸信息，注释标注用于表示实体的注释信息，表格标注用于表示实体的属性信息等。

**2. 标注的基本原理**

标注的基本原理是在 CAD 图形中添加标注对象，包括标注线、标注文字、标注样式等元素。标注的位置和方向通常基于基准对象进行计算，如尺寸标注的起点和终点基于实体的端点计算，标注文字的位置和方向基于标注线的位置和方向进行计算。

**3. 标注的属性和参数**

标注的属性和参数包括标注样式、标注文字、标注线、标注方向等元素。在 CAD 软件中，可以通过修改这些属性和参数来实现标注的定制化。例如，可以改变标注文字的内容、样式和位置，或者修改标注的属性和参数等。

**4. 标注的创建和修改**

在 CAD 二次开发中，可以使用 API 接口或二次开发工具包中的相关函数和方法来创建和修改标注。标注的创建和修改通常涉及参数设置、基准对象选择、标注位置和方向计算等。开发者需要根据实际需求和 API 文档的要求进行相应的调整和修改，以确保标注功能的正确性和稳定性。

## 任务一  长度尺寸标注

**1. 相关知识**

长度尺寸标注可以标注空间内任意两点的距离，需要用到 AcDbAlignedDimension 函数，该函数具体参数为

```
AcDbAlignedDimension(
    const AcGePoint3d& xLine1Point,
    const AcGePoint3d& xLine2Point,
    const AcGePoint3d& dimLinePoint,
    const TCHAR * dimText=NULL,
    AcDbObjectId dimStyle=AcDbObjectId::kNull);
```

xLine1Point 和 xLine2Point 两个参数表示标注的两个点的距离。dimlinePoint 表示标注线（及其延长线）会经过的点。dimText 表示标注标识的内容，如果有输入值就是输入值，如果没有输入值就是长度的大小。dimStyle 代表标注的样式。

因为图样常常对标注有一定的要求，所以不能简单地将标注样式设为默认值，应通过遍历标注样式表的方式寻找是否有需要的标注样式。标注样式访问流程图如图 5-1 所示。

访问标注样式是创建标注过程中的关键一步。在创建标

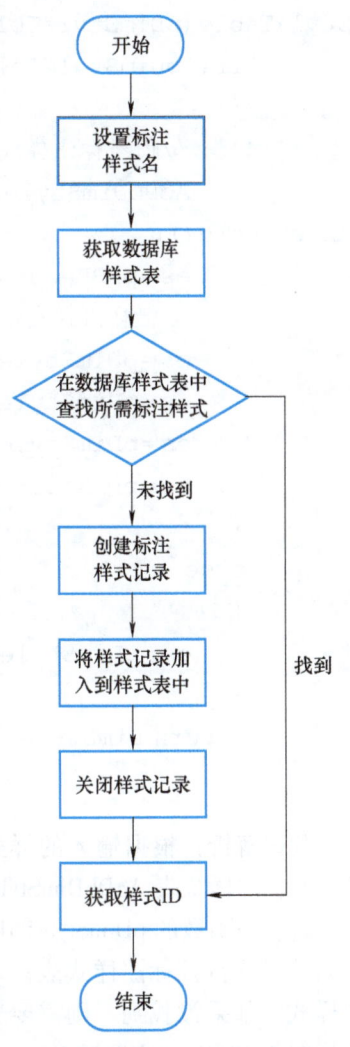

图 5-1  标注样式访问流程图

注时，若指定标注的样式名，则需要访问标注样式表进行样式查找。访问的标注样式表中如果有对应的标注样式，则使用该样式创建标注；如果没有对应的样式，则需要创建标注样式记录，再使用新创建的标注样式创建标注。

**2. 访问标注样式代码示例**

```cpp
auto DimName=TEXT("GB1550");//设置标注的样式名
AcDbObjectId CreateDimStyleId(const TCHAR * DimName)
{
    Acad::ErrorStatus es;
    //获取数据库的标注样式表
    AcDbDimStyleTable * pDimStyleTbl=nullptr;
    AcDbObjectId DimStyleId=AcDbObjectId::kNull;
    es=acdbHostApplicationServices()→workingDatabase()→getDimStyleTable(pDimStyleTbl,AcDb::kForRead);
    if(!pDimStyleTbl→has(DimName))//如果没有对应的标注样式则需要创建
    {
        //创建标注样式记录
        AcDbDimStyleTableRecord * pDSRecord = new AcDbDimStyleTableRecord();
        es=pDSRecord→setName(DimName);
        //把标注样式记录添加进标注样式表
        es=pDimStyleTbl→upgradeOpen();
        es=pDimStyleTbl→add(DimStyleId,pDSRecord);
        es=pDimStyleTbl→close();
        es=pDSRecord→close();//记得关闭标注样式记录
    }
    else
    {
        es=pDimStyleTbl→getAt(DimName,DimStyleId,false);
    }
    return DimStyleId;
}
```

代码解析：根据输入的样式表名"GB1550"访问标注样式，调用 CreateDimStyleId 函数，在标注样式表 AcDbDimStyleTable 中查找，获取标注样式表通过 getDimStyleTable() 方法实现。该函数的 pDimStyleTb1 参数是接收标注样式表的指针，AcDb::kForRead 参数指定以只读模式打开标注样式表。has() 方法用于判断标注样式表中是否存在指定名称的标注样式。如果没找到，则需要新创建一个标注样式，具体操作为创建一个名为 pDSRecord 的指向 AcDbDimStyleTableRecord 对象的指针，用于表示一个标注样式表记录。pDSRecord→setName(DimName) 为标注样式表记录设置名称，将 DimName 赋值给标注样式表记录。

pDimStyleTbl→upgradeOpen() 将标注样式表升级为写模式,以便后续对其进行修改。pDimStyleTbl→add(DimStyleId,pDSRecord) 将标注样式表记录添加到标注样式表中。add() 方法用于向标注样式表中添加一个标注样式表记录,DimStyleId 是要添加的标注样式表记录的对象 ID,pDSRecord 是指向标注样式表记录的指针。通过 pDimStyleTbl→close() 和 pDSRecord→close() 关闭标注样式表和标注样式表记录,以结束对标注样式表和标注样式表记录的修改。如果标注样式表中已经存在名为 DimName 的标注样式,则不需要新创建标注样式,直接获取样式 ID 即可。

通过代码创建并且修改标注样式的方法比较复杂,需要设置很多参数并且不直观。在掌握代码实现的方式后,推荐日常使用通过手动创建标注样式的方法。

除此之外,有时标注还会单独放置在一个图层上,所以也要设置对应的图层。添加新图层的方法和添加标注样式的方法是类似的,只是其中的类型从 AcDbDimStyleTable 变成 AcDbLaylerTble,方法从 getDimStyleTable 变成 getLayerTable。层表访问流程图如图 5-2 所示。

### 3. 访问层表代码示例

```
const TCHAR * LayerName=TEXT("标注");
AcDbObjectId UtilsFunc::CreateLayerId (const TCHAR * LayerName)
{
  Acad::ErrorStatus es;
  //获取数据库的图层表
  AcDbLayerTable * pLayTbl=nullptr;
  AcDbObjectId LayerId=AcDbObjectId::kNull;
  es=acdbHostApplicationServices()→workingDatabase()→
    getLayerTable(pLayTbl,AcDb::kForRead);
  if(!pLayTbl→has(LayerName))
  {
  //创建层表记录
  AcDbLayerTableRecord * pLRescord = new AcDbLayerTableRecord();
  es=pLRescord→setName(LayerName);
  //把层表记录添加进层表
  es=pLayTbl→upgradeOpen();
  es=pLayTbl→add(LayerId,pLRescord);
  es=pLayTbl→close();
  es=pLRescord→close();
  }
  else
  {
```

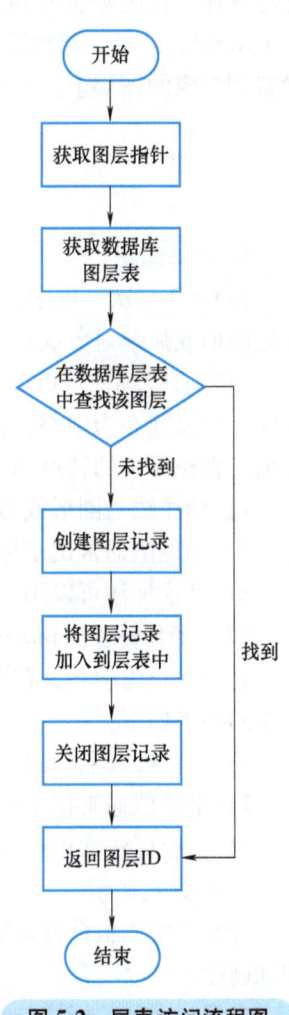

图 5-2 层表访问流程图

```
    es=pLayTbl→getAt(LayerName,LayerId,false);
  }
    return LayerId;
}
```

代码解析：这段代码是用于创建图层的。首先，通过 LayerName 获取图层名称，以该图层名称作为参数调用函数 CreateLayerId，在函数中，声明了一个用于存储 AutoCAD 函数执行状态的变量 es。其次，通过 acdbHostApplicationServices()→workingDatabase()→getLayerTable 获取了当前工作数据库的图层表，并将其存储在 pLayTbl 指针中，以便后续操作。再次，代码通过!pLayTbl→has(LayerName) 检查图层表中是否已经存在具有指定名称的图层。如果不存在，创建一个新的图层表记录 AcDbLayerTableRecord，将指定的名称设置给这个新图层记录，并将它添加到图层表中。在此过程中，代码使用了 upgradeOpen 方法来将图层表从只读状态升级为可写状态，以便进行添加操作。完成后，关闭图层表和新图层记录。如果图层已经存在，代码则通过 pLayTbl→getAt(LayerName,LayerId,false) 获取现有图层的对象标识符 LayerId。最后，函数返回 LayerId，在获取到图层 ID 后，就可以通过 setLayer 函数把实体设置到对应的图层上。

## 任务二  直径标注和半径标注

### 1. 相关知识

在 CAD 二次开发中，直径标注和半径标注是常用的功能之一。它们用于在 CAD 绘图中标记圆形或弧形对象的尺寸信息，方便工程师和设计师进行精确测量和布局。

（1）直径标注（diameter dimension）  直径标注是用于标记圆形或弧形对象直径的尺寸标注。它以圆心为中心，在圆形或弧形上绘制一条水平线，并在标注线的上方或下方显示直径值。直径标注的特点如下：

1）标注线与圆形或弧形相交，并且通过圆心。

2）直径值通常位于标注线的中间，表示圆形或弧形的直径长度。

3）直径标注可以用于标记圆形孔洞、轴承、圆形零件等的直径。

（2）半径标注（radius dimension）  半径标注是用于标记圆形或弧形对象半径的尺寸标注。它以圆心为中心，在圆形或弧形上绘制一条线段，并在标注线的一侧显示半径值。半径标注的特点如下：

1）标注线起点为圆心，终点为圆形或弧形上的边界点。

2）半径值通常位于标注线的一侧，表示圆形或弧形的半径长度。

3）半径标注常用于标记圆形切削工具、孔洞、圆柱体等的半径。

### 2. 部分代码示例

开发者可以根据特定的需求，实现自定义的直径标注和半径标注功能，以提高绘图效率和准确性。

半径与直径的标注与普通长度尺寸标注类似，但使用方法不同，参数也略有不同。半径的标注方法如下：

```
AcDbRadialDimension(
  const AcGePoint3d& center,
  const AcGePoint3d& chordPoint,
  double leaderLength,
  const ACHAR * dimText=NULL,
  AcDbObjectId dimStyle=AcDbObjectId::kNull );
```

center 参数和 chordPoint 参数分别是圆弧标注的圆心坐标和弦端的点坐标。leaderLength 参数是标注线的长度，类型为 double，用于指定圆弧标注中连接标注线的长度，也就是从标注线到圆弧边界的距离。dimText 表示标注标识的内容，如果有输入值就是输入值，如果没有输入值就使用自动生成的尺寸值（长度的大小）。dimStyle 用于指定应用于标注的样式，默认为 kNull，表示使用当前活动的标注样式。半径标注样例图如图 5-3 所示。

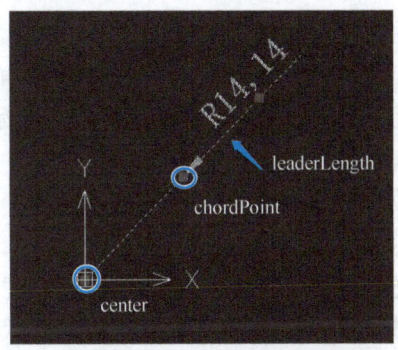

图 5-3　半径标注样例图

直径的标注方式与半径标注方式大同小异，直径标注用 AcDbDiametricDimension 函数。直径的标注方式如下：

```
AcDbDiametricDimension(
  const AcGePoint3d& chordPoint,
  const AcGePoint3d& farChordPoint,
  double leaderLength,
  const ACHAR * dimText=NULL,
  AcDbObjectId dimStyle=AcDbObjectId::kNull );
```

chordPoint 参数和 farChordPoint 参数是直径标注的端点坐标，用于指定直径标注的起始点和远侧终止点。leaderLength 参数是标注线的长度，用于指定直径标注中连接标注线的长度，也就是从标注线到圆弧边界的距离。dimText 是标注文本，用于设置标注中显示的文本内容，默认为 NULL，表示使用自动生成的尺寸值。dimStyle 标注样式的对象 ID，用于指定应用于标注的样式，默认为 kNull，表示使用当前活动的标注样式。直径标注样例图如图 5-4 所示。

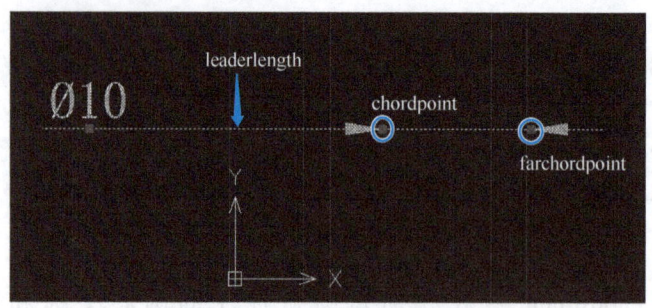

图 5-4　直径标注样例图

## 任务三　角度标注

**1. 相关知识**

角度标注是 CAD 绘图中用于测量和标记角度的尺寸标注。它可以数值形式表示两条线、边界或弧之间的角度，以帮助工程师和设计师准确测量和布局角度。

角度标注通常显示为一个弧形标注线，两个端点连接到被标注的线、边界或弧上，标注线的弧形路径表示角度的度数。角度标注主要包括：

1）标注线：角度标注通常使用一条弧形标注线表示角度，其路径形状与所标注的角度相关。

2）文本值：角度标注线上方或下方显示角度的数值，以度（°）为单位。

3）标注箭头：角度标注线的两个端点通常带有箭头，指示被标注的角度所在的位置。

在 CAD 二次开发中，可以使用相应的 API 和库来创建、编辑和显示角度标注。开发者可以使用提供的函数和方法来设置标注的位置、样式、数值表示等属性，并与绘图实体进行关联。通过使用这些工具，可以自定义角度标注的外观、精度等，以满足特定绘图要求和标准。角度标注在工程、建筑和制图等领域广泛应用，可帮助用户实现精确的角度测量和设计。

**2. 部分代码示例**

角度标注通过 AcDb2LineAngularDimension 函数实现，角度标注的方式如下：

```
AcDb2LineAngularDimension(
    const AcGePoint3d& xLine1Start,
    const AcGePoint3d& xLine1End,
    const AcGePoint3d& xLine2Start,
    const AcGePoint3d& xLine2End,
    const AcGePoint3d& arcPoint,
    const ACHAR * dimText=NULL,
    AcDbObjectId dimStyle=AcDbObjectId::kNull );
```

xLine1Start、xLine2Start 和 xLine1End、xLine2End 参数分别为两条直线的起始点与终点。

两条直线可以不用相交，会自动延长计算两直线的相交点，然后获得角度。arcPoint 参数为角度所在点的坐标，"dimText"和"dimStyle"两个参数与长度标注相同，分别是标注内容和标注样式。角度标注样例图如图 5-5 所示。

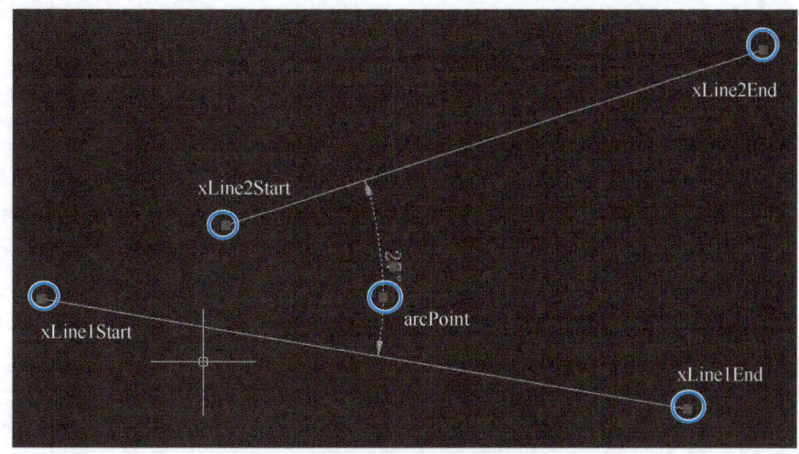

图 5-5　角度标注样例图

通过调用这个构造函数，可以创建一个二线角度标注对象，并设置其属性，如两条线段的起点、终点、弧形点，标注文本和样式。这个对象可以在 ZWCAD 中进行绘图和角度标注，以表示两条线段之间的角度。

## 任务四　引 线 绘 制

**1. 相关知识**

如果想让标注文字距离要标注的实体远一点，可以通过引线引出在远处标注。引线通常用于添加标签或注释，以说明与远处对象相关的信息。引线可指示距离较远的对象、图形或特定区域，并与它们之间建立关联。

引线的操作一般包含以下内容：

1）确定引线的起点和终点：引线的起点通常是要标注的对象或图形，而终点是引线的终止位置。

2）创建引线：在起点和终点之间创建引线。

3）添加文本或标签：在引线的终点处添加文本或标签，用于提供相应的注释或标注信息，可以是距离、名称、描述或任何与远处对象相关的内容。

4）定义引线和文本的属性：可以为引线和文本定义一些属性，如线型、线宽、颜色、字体、字号等。这样可以使标注与绘图的整体风格和规范保持一致。

5）调整引线位置：在进行标注时，可根据需要对引线位置进行调整，以确保它们清晰可见且不与其他图形重叠。可以通过移动引线的起点、终点或中间节点来调整引线的位置。

6）更新引线和文本：在进行绘图时，如果标注的对象位置发生变化，则需要相应地更新引线和文本的位置。这可以通过编写代码来自动化处理，以确保标注保持准确和一致。

引线绘制流程图如图 5-6 所示。

开发者可以通过设置 Dimmove 属性和文字的位置来生成引线。

**2. 整体代码示例**

```
    auto DimStyleId = UtilsFunc::CreateDimStyleId
(TEXT("新建样式"));
    auto LayerId=UtilsFunc::CreateLayerId(TEXT
("标注"));
    AcDbAlignedDimension * pADimension = new AcD-
bAlignedDimension(AcGePoint3d(0,0,0),AcGePoint3d
(10,0,0),AcGePoint3d(5,1,0),NULL,DimStyleId);
    pADimension→setLayer(LayerId);
    auto entId=UtilsFunc::PostToModel(pADimen-
sion);

AcDbEntity * pEnt=nullptr;
AcDbAlignedDimension * pDimMove=nullptr;
acdbOpenAcDbEntity(pEnt,entId,AcDb::kFor-
Write);
    pDimMove=AcDbAlignedDimension::cast(pEnt);//
类型转换
    pDimMove→setDimtmove(1);//指定尺寸线的变化情
况,为1即为尺寸线不动,在文字和尺寸线之间加箭头
    AcGePoint3d ptText =pDimMove→textPosition();
    ptText.x +=5;
    ptText.y +=5;
    pDimMove→setTextPosition(ptText);
    pDimMove→close();
```

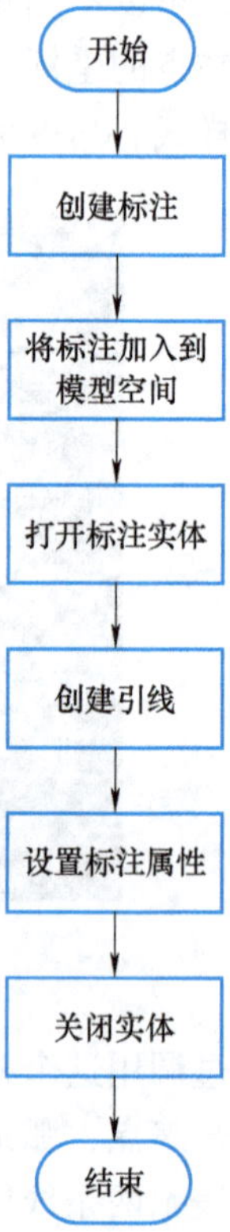

图 5-6 引线绘制流程图

代码解析：使用 CreateDimStyleId 函数和 CreateLayerId 函数创建一个新的标注样式和新的图层。样式名称为"新建样式"，图层名称为"标注"。创建标注样式和图层后，使用 AcDbAlignedDimension 的构造函数创建一个标注对象（pADimension）。该标注对象的起点、终点和引线点分别为（0,0,0）、（10,0,0）和（5,1,0）。标注文本设置为 NULL，使用之前创建的标注样式（DimStyleId）。

使用 setLayer 方法将对齐标注对象设置到之前创建的图层（LayerId）上。通过 PostToModel 函数将标注对象提交到模型空间，并返回其对象 ID（entId）。注意，需要先把标注添加到模型空间后，再改变这两个属性才有意义，因为在添加到模型空间前，标注的文字和文字位置会设置默认值。

通过 setDimtmove 方法将尺寸线的变化情况设置为 1，即尺寸线不动，在文字和尺寸线之间加箭头。使用 textPosition 方法获取当前标注文本的位置，然后通过修改其坐标调整文本的位置，将其向右上方移动了（5,5）。最后使用 close 方法关闭对齐标注对象。

通过上述流程，代码实现了创建、修改和定位对齐标注对象的过程。创建标注样式、图层以及对标注属性的设置，可以根据具体需求调整和定制，以满足绘图和标注的要求。最终得到的对齐标注对象可以在 CAD 中正确显示和定位，并表示相关尺寸信息。引线标注样例图如图 5-7 所示。

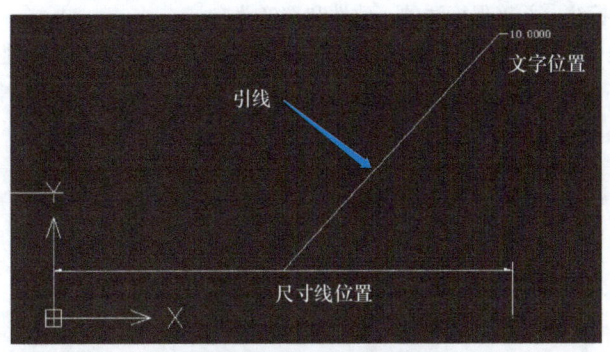

**图 5-7　引线标注样例图**

【任务评价】

本章的任务旨在培养 ZWCAD 二次开发中熟练应用尺寸标注技术的能力，提高工程设计和绘图效率，从而能让开发者按照标准和规范进行准确的尺寸标注。在本章的任务中需要理解尺寸标注的基本原理和概念，包括尺寸线、箭头、文字等元素的作用和表示方法，熟悉 CAD 二次开发框架中与尺寸标注相关的 API，包括创建尺寸标注对象、设置标注样式、关联尺寸对象等，形成对标注进行编辑和管理的习惯，包括修改标注文字、移动标注位置、删除和添加标注等操作。另外，也要了解不同标准和行业规范中对尺寸标注的要求，掌握尺寸测量和计算的方法，以确保标注的准确性和规范性。

【知识测试】

1. 简述尺寸标注中的尺寸线、引线和箭头的作用和区别。
2. 在 CAD 二次开发中，如何创建一个直径标注并设置标注样式为"标准"？
3. 什么是标注样式表？它在尺寸标注中的作用是什么？请列举一个标注样式表的示例。
4. 尺寸标注中的标注文字如何进行格式化和调整？请举例说明如何在标注文字中添加单位符号和小数精度。
5. 在尺寸标注中，尺寸线和标注文字之间的距离是固定的吗？如果不是，如何调整尺寸线和标注文字的位置？
6. 在 CAD 二次开发中，如何修改已有尺寸标注的标注文字内容和位置？
7. 请解释尺寸标注的关联性和关联对象的概念。为什么关联对象在尺寸标注中很重要？
8. 尺寸标注中的尺寸精度如何控制？请说明如何设置标注的小数精度和有效数字位数。
9. 如何在 CAD 二次开发中创建一个角度标注并设置标注样式为"角度"？请提供相应的代码示例。
10. 在尺寸标注中，如何处理标注的标签重叠和遮挡问题？

【课后拓展】

  1. 多视图标注：可以尝试学习如何在多视图布局中进行尺寸标注。根据给定的图样布局，在不同的视图中添加合适的尺寸标注，并确保标注的一致性和准确性。

  2. 标注标准和规范研究：通过研究相关的标注标准和规范，如 ISO 标准、行业标准或客户要求的标注规范等，了解不同标准和规范对尺寸标注的要求，并思考如何在 CAD 二次开发中满足这些要求。

# 第六章 块 操 作

在 CAD 二次开发中,块操作是一个非常重要的部分,它可以让开发者在 CAD 软件中实现各种自定义功能。块是 CAD 中的基本构建块之一,是由一组图形对象组成的实体,主要用于创建重复使用的元素,从而简化图形对象的编辑和管理。在二次开发中,通过对块的操作可以实现自定义命令、图形编辑和数据管理等功能。因此,在介绍块操作部分之前,需要先了解块的基本概念和 CAD 中块的使用方法。本章将介绍 CAD 中块的定义、创建、修改和删除等操作,并提供相应的示例代码,帮助开发者更好地理解和使用 CAD 中的块操作功能。

**知识目标**

1)理解 CAD 中块的定义和基本概念。
2)熟悉块的创建、修改和删除等操作。
3)掌握块的属性设置以及设置块参照的具体操作。
4)了解 CAD 中块的应用场景和使用方法。

**技能目标**

1)熟悉如何创建块定义,包括创建基本块和使用现有对象创建块。
2)掌握如何插入块参照,包括在绘图中插入块参照和在代码中插入块参照。
3)了解如何定义属性块,包括定义属性块的名称、类型、默认值和其他属性。

**素质目标**

1)具备解决一定复杂工程问题的能力,例如掌握创建和编辑块实体的一般过程,能够自主创建其他类型的块实体。
2)具备一定分析问题的能力,例如理解块定义的意义,能够有意识地在项目中使用块来提高开发效率。

**知识讲解**

在 ZWCAD 二次开发中,块(block)是一个重要的概念。块是由一组图形实体组成的可重用元素，可以在图样中的多个位置进行插入和使用。

**1. 块定义**（block definition）

ZWCAD 有块定义和块参照两个概念。块定义是块的模板，它包含块的图形实体、属性定义和其他相关信息。块定义不是一个实体，而是一种对实体的描述，通过定义块完成。块定义中定义了块的形状和属性，可以用于在图样中创建块参照。所有的实体都保存在块表记录中，而块表记录则存储在块表中。实际上，用户在 ZWCAD 中定义块相当于增加了一个块表记录，块表记录的名称就是块定义的名称。图 6-1 所示为块定义界面。

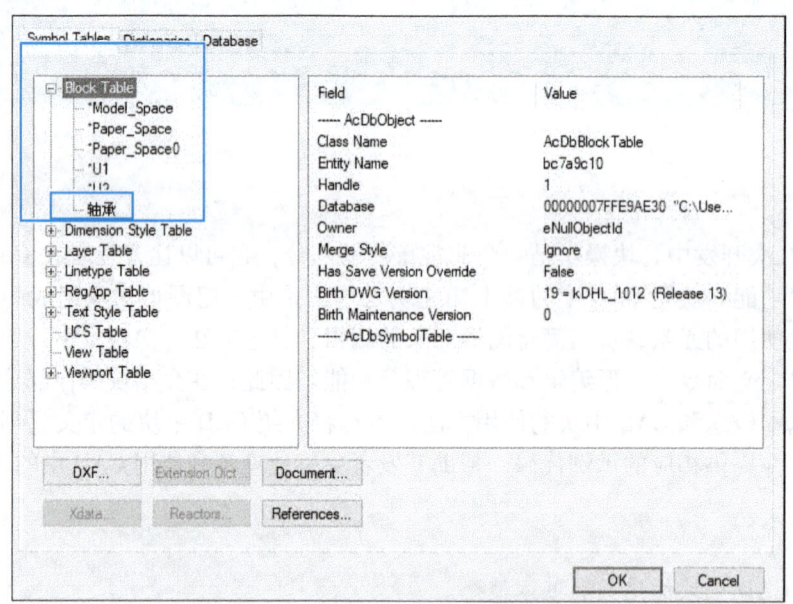

图 6-1 块定义界面

**2. 块参照**（block reference）

块参照是一种实体，图形窗口中显示的"块"都是块参照，通过插入块获得。块参照是实际插入到图样中的块的实例。块参照可以使用预先设置好的块定义创建，并可以在图样中的多个位置进行插入和放置。块参照是块的副本，它可以独立于块定义移动、旋转和修改属性值。插入块参照时，CAD 会将块定义的图形实体和属性复制到指定位置。

**3. 属性块**（block attribute）

属性块是块的一种特殊实体，它可以包含与块参照关联的文本或值，是与块参照关联的附加信息，包含文本、值、单位等信息。属性块可以用于创建自动化的图样标注、注释和数据提取，并且可以在块参照中进行编辑和修改。

**4. 块表**（block table）

块表是 CAD 图形数据库中的一个表，用于存储所有的块定义。块表维护着块定义的名称和对应的 ObjectId，可以通过块表来获取、创建和管理块定义。

在 ZWCAD 二次开发中，可以通过使用块表、块参照和块属性等相关类和方法，实现对块的创建、编辑、插入和属性管理等操作。块的使用可以提高绘图效率，减少重复绘制相同

# 第六章 块 操 作

图形的工作量，并方便对图样中的元素进行统一的修改和管理。

## 任务一 创 建 块

**1. 相关知识**

简单理解，块就是由简单实体组合而成的一个整体。使用块可以避免重复操作，并且方便修改和编辑，不同的块还可以展示不同属性。例如，图6-2所示为由多个圆实体组成的轴承块，当作图需要用到轴承时，复制这个轴承块即可，操作简单、便捷。

这里介绍的创建块指的是创建块定义，并不是创建一个块实体出来，创建块实体是通过插入块操作实现的。

创建块定义的一般步骤如下：

1）获得当前图形数据库的块表，向其中添加一条新的块表记录。

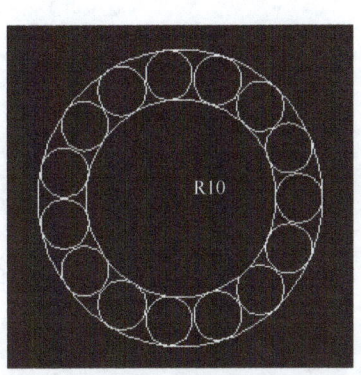

图6-2 块样例图

2）创建组成块定义的实体，将其添加到新的块表记录中。

3）关闭块表、块表记录和新创建的实体。

**2. 开发步骤细节**

步骤1：获得当前图形数据库的块表，向其中添加一条新的块表记录。

```
// 获得当前图形数据库的块表
AcDbBlockTable * pBlkTbl=NULL;
acdbHostApplicationServices()→workingDatabase()→getBlockTable(pBlkTbl,AcDb::kForWrite);
// 创建新的块表记录
AcDbBlockTableRecord * pBlkTblRcd=new AcDbBlockTableRecord();
pBlkTblRcd→setName(blkName);
```

步骤2：创建组成块定义的实体，将其添加到新的块表记录中。

```
AcGePoint3d ptStart(-10,0,0),ptEnd(10,0,0);
AcDbLine * pLine1=new AcDbLine(ptStart,ptEnd);// 创建一条直线
ptStart.set(0,-10,0);
ptEnd.set(0,10,0);
AcDbLine * pLine2=new AcDbLine(ptStart,ptEnd);// 创建一条直线
AcGeVector3d vecNormal(0,0,1);
AcDbCircle * pCircle=new AcDbCircle(AcGePoint3d::kOrigin,vecNormal,6);
AcDbObjectId entId;
pBlkTblRcd→appendAcDbEntity(entId,pLine1);
```

71

```
pBlkTblRcd→appendAcDbEntity(entId,pLine2);
pBlkTblRcd→appendAcDbEntity(entId,pCircle);
```

步骤 3：关闭块表、块表记录和新创建的实体。

```
pBlkTbl→close();
pLine1→close();
pLine2→close();
pCircle→close();
pBlkTblRcd→close();
```

**3. 注册函数 CreateBlock 示例代码**

```
void CreateBlock()
{
// 获得当前图形数据库的块表
  AcDbBlockTable * pBlkTbl=NULL;
  acdbHostApplicationServices()→workingDatabase()
    →getBlockTable(pBlkTbl,AcDb::kForWrite);

// 创建新的块表记录
  AcDbBlockTableRecord * pBlkTblRcd=new AcDbBlockTableRecord();

// 根据用户的输入设置块表记录的名称
  TCHAR blkName[40];
  if(acedGetString(Adesk::kFalse,TEXT("\n输入图块的名称:"),
blkName)!=RTNORM)
  {
    pBlkTbl→close();
    delete pBlkTblRcd;
    return;
  }
  pBlkTblRcd→setName(blkName);

// 将块表记录添加到块表中
  AcDbObjectId blkDefId;
  pBlkTbl→add(blkDefId,pBlkTblRcd);
  pBlkTbl→close();

// 向块表记录中添加实体
```

# 第六章 块 操 作

```
    AcGePoint3d ptStart(-10,0,0),ptEnd(10,0,0);
    AcDbLine * pLine1=new AcDbLine(ptStart,ptEnd);    // 创建一条直线
    ptStart.set(0,-10,0);
    ptEnd.set(0,10,0);
    AcDbLine * pLine2=new AcDbLine(ptStart,ptEnd);    // 创建一条直线
    AcGeVector3d vecNormal(0,0,1);
    AcDbCircle * pCircle=new AcDbCircle(AcGePoint3d::kOrigin,vecNormal,6);

    // 创建一个属性,输入直径
    AcDbAttributeDefinition * pAttDef=new AcDbAttributeDefinition(
        ptEnd,TEXT("20"),TEXT("直径"),TEXT("输入直径"));
    AcDbObjectId entId;
    pBlkTblRcd→appendAcDbEntity(entId,pLine1);
    pBlkTblRcd→appendAcDbEntity(entId,pLine2);
    pBlkTblRcd→appendAcDbEntity(entId,pCircle);
    pBlkTblRcd→appendAcDbEntity(entId,pAttDef);

    // 关闭实体和块表记录
    pLine1→close();
    pLine2→close();
    pCircle→close();
    pAttDef→close();
    pBlkTblRcd→close();
}
```

代码解析:首先通过 getBlockTable 方法获取当前图形数据库的块表对象,并创建一个新的块表记录对象 pBlkTblRcd。通过输入获取块的名称,并将其设置为块表记录对象的名称。使用 add 方法将块表记录对象添加到块表中,并获取块定义的 ObjectId。然后,关闭块表对象。创建直线 pLine1、pLine2 和圆 pCircle 作为块的实体,并创建一个属性定义 pAttDef。然后使用 appendAcDbEntity 方法将这些实体添加到块表记录对象中。最后通过调用 close 方法,关闭实体和块表记录对象。以上代码的作用是创建一个新的块定义,并向其添加了直线、圆和属性。这样可以在 CAD 中使用这个块实现图形绘制和属性编辑。

## 任务二 插 入 块

**1. 相关知识**

块参照是块定义的实例,可以在图样中的多个位置插入。块参照可以具有自己的插入点、旋转角度和缩放比例等属性。插入块参照时,ZWCAD 会将块定义的图形实体和属性复

制到指定位置。

在 ZRX 编程中,块定义通过块表记录来保存,而块参照由 AcDbBlockReference 类来表示。既然块参照是一种实体,那么创建块参照的过程与创建一条直线的过程没有区别。

AcDbBlockReference 类的构造函数定义为

```
AcDbBlockReference(
  const AcGePoint3d& position,
  AcDbObjectId blockTableRec
);
```

position 是块参照的插入点;blockTableRec 是块参照所参照的块表记录(块定义)的 ID。

**2. 开发步骤细节**

步骤1:打开块表,根据块名获取块定义的 ID。

```
// 获得当前数据库的块表
AcDbBlockTable * pBlkTbl=NULL;
acdbHostApplicationServices()→workingDatabase()→getBlockTable(pBlkTbl,AcDb::kForWrite);
// 查找用户指定的块定义是否存在
if(!pBlkTbl→has(blkName))
{
  acutPrintf(TEXT("\n 当前图形中未包含指定名称的块定义!"));
  pBlkTbl→close();
  return;
}
// 获得用户指定的块表记录
AcDbObjectId blkDefId;
pBlkTbl→getAt(blkName,blkDefId);
pBlkTbl→close();
```

步骤2:通过块定义 ID 构造块参照示例。

```
// 获得用户输入的块参照的插入点
ads_point pt;
if(acedGetPoint(NULL,TEXT("\n 输入块参照的插入点:"),pt)!=RTNORM)
{
  pBlkTbl→close();
  return;
}
AcGePoint3d ptInsert=asPnt3d(pt);
```

```
// 创建块参照对象
AcDbBlockReference * pBlkRef = new AcDbBlockReference(ptInsert,blkDefId);
```

步骤3：将块参照插入模型空间中。

```
UtilsFunc::PostToModel(pBlkRef);
```

**3. 整体代码示例**

```
void InsertBlock()
{
  // 获得用户输入的块定义名称
  TCHAR blkName[40];
  if(acedGetString(Adesk::kFalse,TEXT("\n 输入图块的名称:"),blkName)!=RTNORM)
  {
    return;
  }


  // 获得当前数据库的块表
  AcDbBlockTable * pBlkTbl=NULL;
  acdbHostApplicationServices()→workingDatabase()→getBlockTable(pBlkTbl,AcDb::kForWrite);

  // 查找用户指定的块定义是否存在
  if(!pBlkTbl→has(blkName))
  {
      acutPrintf(TEXT("\n 当前图形中未包含指定名称的块定义!"));
      pBlkTbl→close();
      return;
  }
  // 获得用户指定的块表记录
  AcDbObjectId blkDefId;
  pBlkTbl→getAt(blkName,blkDefId);
  pBlkTbl→close();

  // 获得用户输入的块参照的插入点
  ads_point pt;
  if(acedGetPoint(NULL,TEXT("\n 输入块参照的插入点:"),pt)!=RTNORM)
```

```
    {
        pBlkTbl→close();
        return;
    }
    AcGePoint3d ptInsert=asPnt3d(pt);

    // 创建块参照对象
    AcDbBlockReference * pBlkRef = new AcDbBlockReference (ptInsert, blkDefId);

    // 将块参照添加到模型空间
    UtilsFunc::PostToModel(pBlkRef);
}
```

代码解析：首先，通过 acedGetString 函数获取用户输入的块定义名称，并存储在 blkName 变量中。通过 getBlockTable 函数获取当前数据库的块表指针 pBlkTbl，判断用户指定的块定义是否存在于块表中，如果不存在则输出提示信息并结束函数。其次，通过 getAt 函数根据用户输入的块定义名称获取块定义的 blkDefId，获取块表和块定义后，再通过 acedGetPoint 函数获取块参照的插入点。再次，根据传入的块参照的插入点和块定义的 blkDefId 创建块参照对象。最后，使用 PostToModel 函数将块参照对象添加到模型空间中。

## 任务三　属　性　块

### 1. 相关知识

在 CAD 二次开发中，属性块（attribute block）是一种特殊类型的图块，它包含了一个或多个属性（attribute），用于存储和展示与图形对象相关的信息、数据或元数据。属性块通常用于在图样中插入标注、文字说明、属性值等信息。属性块编辑界面如图 6-3 所示。

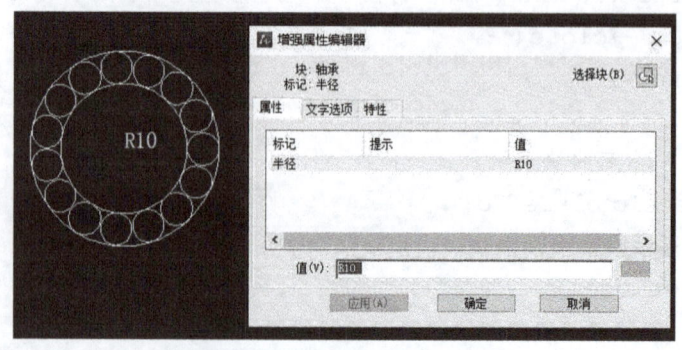

图 6-3　属性块编辑界面

属性块包括以下内容：

1) 属性。它是属性块的核心组成部分。每个属性都有一个名称和一个值。属性的值可以是固定的,也可以是用户输入的。属性可以用于标记图块的特定属性,如名称、日期、尺寸等。

2) 标签。每个属性都有一个标签(tag),用于标识属性。标签通常是唯一的,用于识别属性的内容。

3) 值。属性的值可以为默认值,也可以由用户输入。属性的值可以在属性块插入图样后进行编辑。

在 CAD 二次开发中,插入属性块的一般步骤如下:

1) 创建属性块定义。可以通过在 AutoCAD 中手动创建一个带有属性的块并保存为块定义,或者使用程序代码创建块定义。块定义包含属性布局和属性定义。

2) 获取块表记录对象。在 AutoCAD 的数据库中,块定义保存在块表记录对象中。需要通过名称或其他方式获取要插入的块表记录对象。

3) 创建块参照:使用插入命令或者编程方式创建块参照,也称为块实例。块参照是块表记录的实例,即将块定义插入到图形中。

4) 设置块参照属性值。块参照中的每个属性需要设置相应的属性值。可以使用属性标签名称来识别属性,并将值分配给它。

5) 将块参照添加到图形数据库。将块参照添加到图形数据库中,以便它在图样中显示。

**2. 创建属性块**

创建属性块的代码如下:

```
void CreateAttBlk()
{
    // 获得当前图形数据库的块表
    AcDbBlockTable * pBlkTbl=NULL;
    acdbHostApplicationServices()→workingDatabase()→getBlockTable
(pBlkTbl,AcDb::kForWrite);

    // 创建新的块表记录
    AcDbBlockTableRecord * pBlkTblRcd=new AcDbBlockTableRecord();

    // 根据用户的输入设置块表记录的名称
    TCHAR blkName[40];
    if(acedGetString(Adesk::kFalse,TEXT("\n 输入图块的名称:"),blkName)!=RT-NORM)
    {
        pBlkTbl→close();
        delete pBlkTblRcd;
        return;
```

```
    }
    pBlkTblRcd→setName(blkName);
    // 将块表记录添加到块表中
    AcDbObjectId blkDefId;
    pBlkTbl→add(blkDefId,pBlkTblRcd);
    pBlkTbl→close();

    // 向块表记录中添加实体
    AcGePoint3d ptStart(-10,0,0),ptEnd(10,0,0);
    AcDbLine * pLine1=new AcDbLine(ptStart,ptEnd);   // 创建一条直线
    ptStart.set(0,-10,0);
    ptEnd.set(0,10,0);
    AcDbLine * pLine2=new AcDbLine(ptStart,ptEnd);   // 创建一条直线
    AcGeVector3d vecNormal(0,0,1);
    AcDbCircle * pCircle=new AcDbCircle(AcGePoint3d::kOrigin,vecNormal,6);//创建一个圆
    AcDbAttributeDefinition * pAttDef=new
    AcDbAttributeDefinition(AcGePoint3d(0,0,0),TEXT("20"),TEXT("直径"),TEXT("输入直径"));//创建块属性定义

    AcDbObjectId entId;
    pBlkTblRcd→appendAcDbEntity(entId,pLine1);
    pBlkTblRcd→appendAcDbEntity(entId,pLine2);
    pBlkTblRcd→appendAcDbEntity(entId,pCircle);
    pBlkTblRcd→appendAcDbEntity(entId,pAttDef);

    pLine1→close();
    pLine2→close();
    pCircle→close();
    pAttDef→close();
    pBlkTblRcd→close();
}
```

代码解析：这段代码用于创建带有属性的块定义。void CreateAttBlk() 是一个函数，用于创建带有属性的块定义。使用 acdbHostApplicationServices()→workingDatabase()→getBlockTable(pBlkTbl,AcDb::kForWrite) 获取当前图形数据库的块表。使用 new AcDbBlockTableRecord() 创建一个新的块表记录对象。使用 pBlkTblRcd→setName(blkName) 将块表记录的名称设置为用户输入的名称。使用 pBlkTbl→add(blkDefId,pBlkTblRcd) 将块表记录添加到块表中。

向块表记录中添加实体。使用 AcDbLine 创建两条直线实体，并分别添加到块表记录中。使用 AcDbCircle 创建一个圆实体，并添加到块表记录中。使用 AcDbAttributeDefinition 创建一个块属性定义，并添加到块表记录中。使用 close() 关闭创建的实体和块表记录对象，以释放内存资源。

3. 插入属性块代码示例

```
void InsertAttBlk()
{
    // 获得用户输入的块定义名称
    TCHAR blkName[40];
    if(acedGetString(Adesk::kFalse,TEXT("\n 输入图块的名称:"),blkName)!=RTNORM)
    {
        return;
    }

    // 获得当前数据库的块表
    AcDbBlockTable * pBlkTbl=NULL;
    acdbHostApplicationServices()->workingDatabase()->getBlockTable(pBlkTbl,AcDb::kForWrite);

    // 查找用户指定的块定义是否存在
    if(!pBlkTbl->has(blkName))
    {
        acutPrintf(TEXT("\n 当前图形中未包含指定名称的块定义!"));
        pBlkTbl->close();
        return;
    }
    // 获得用户指定的块表记录
    AcDbObjectId blkDefId;
    pBlkTbl->getAt(blkName,blkDefId);
    pBlkTbl->close();

    // 获得用户输入的块参照的插入点
    ads_point pt;
    if(acedGetPoint(NULL,TEXT("\n 输入块参照的插入点:"),pt)!=RTNORM)
    {
        pBlkTbl->close();
        return;
```

```
    }
    AcGePoint3d ptInsert=asPnt3d(pt);

    //创建块参照对象
    AcDbBlockReference * pBlkRef = new AcDbBlockReference (ptInsert, blkDefId);
    //创建块属性对象
    AcDbAttribute * pAtt=new AcDbAttribute();
    pAtt→setTag(TEXT("直径"));
    pAtt→setTextString(TEXT("50"));
    pAtt→setPosition(ptInsert);
    pBlkRef→appendAttribute(pAtt);
    //将块参照添加到模型空间
    UtilsFunc::PostToModel(pBlkRef);
}
```

代码解析：void InsertAttBlk() 是一个函数，用于插入属性块。acedGetString() 用于获取用户输入的块定义名称，并将其存储在 blkName 变量中。通过 acdbHostApplicationServices()→workingDatabase()→getBlockTable (pBlkTbl,AcDb::kForWrite) 获取当前数据库的块表。使用 pBlkTbl→has(blkName) 检查用户指定的块定义是否存在于图形中。使用 pBlkTbl→getAt(blkName,blkDefId) 获取用户指定的块表记录（块定义的 ObjectId）。使用 acedGetPoint() 获取用户输入的块参照的插入点，并将其存储在 pt 变量中。使用 AcDbBlockReference * pBlkRef = new AcDbBlockReference (ptInsert,blkDefId)；创建一个块参照对象，指定插入点和块定义的 ObjectId。使用 AcDbAttribute * pAtt=new AcDbAttribute()；创建一个块属性对象。使用 setTag() 设置属性的标签，如"直径"。使用 setTextString() 设置属性的文本值，如"50"。使用 setPosition() 设置属性的插入点。使用 pBlkRef→appendAttribute(pAtt) 将属性添加到块参照对象中。通过自定义的 UtilsFunc::PostToModel() 函数将块参照对象添加到模型空间中。

【任务评价】

通过本章任务的学习，理解什么是块以及它在 CAD 中发挥的作用，掌握如何创建块定义并根据现有需要编辑块定义，选择和组合实体，从而创建具有特定功能和属性的块定义。另外，还需要掌握如何在绘图中插入块参照，使用块参照来实现图形的重复和模块化设计；学习如何创建和编辑块的属性定义，并学会在块参照中添加、修改和提取属性值。在不断的实践中，具备使用代码和脚本来实现自动化块操作的能力，即通过编写程序来批量处理块定义和块参照，实现自定义的块操作功能。

## 【知识测试】

1. 块与图层有什么区别？它们之间的关系是什么？
2. 请简述块参照的概念以及它在 CAD 中的作用。如何插入和编辑块参照？
3. 如何创建一个新的块定义？描述创建块定义时需要考虑的步骤和注意事项。
4. 块的属性是什么？如何在块定义中定义属性？如何在块参照中设置和提取属性值？
5. 描述一下使用块参照实现图形重复的方法。如何通过修改块参照的属性值来定制重复的图形元素？
6. 在 CAD 二次开发中，如何通过编程实现自动化块操作？举例说明如何使用代码批量处理块定义或块参照。
7. 块的重命名和删除会对已插入的块参照产生什么影响？如何处理这种情况？
8. 如何查找和选择特定的块定义？简述在 CAD 中管理和组织块定义的方法。
9. 什么是动态块？举例说明动态块的一些常见应用场景和优势。
10. 简述块操作的优势和重要性，并讨论在 CAD 设计中合理使用块操作的好处。

## 【课后拓展】

1. 多个块参照的关联和约束：思考如何使用块参照之间的关联和约束。创建一个包含多个块参照的场景，并尝试在它们之间建立关系。例如，通过共享属性或约束来确保它们的位置和属性保持同步。
2. 动态块设计挑战：尝试设计一个复杂的动态块，具有交互性和参数化控制，可以实现随用户输入变化的图形元素，如可调整大小的门窗、旋转的机械零件等。尝试使用约束和动作来实现灵活的动态效果。

# 高级操作篇

# 第七章 界面设计

当搭建好 CAD 二次开发环境并熟悉了 CAD 的基础绘图和编辑功能后,接下来的一个重要步骤就是学习如何对 CAD 界面进行自定义设计。本章将介绍如何创建自定义对话框并绑定函数、使用面板、修改工具栏和菜单栏等 CAD 界面设计技巧。通过本章的学习,能够进一步提高应用 CAD 的工作效率,并为以后进行更高级的 CAD 操作做准备。

知识目标

1) 理解 CAD 界面设计的基本概念和原则。
2) 了解自定义对话框、面板、工具栏和菜单栏的作用和特点。
3) 掌握创建自定义对话框并绑定函数的方法。
4) 掌握使用面板来存放和组织常用的命令和功能的方法。
5) 了解如何修改 CAD 的工具栏和菜单栏。

技能目标

1) 能够创建自定义对话框并将其与特定功能和命令绑定起来。
2) 能够使用面板来存放和组织常用的命令和功能,并创建自己的面板。
3) 能够修改 CAD 的工具栏和菜单栏,以便更好地适应个性化工作流程的需求。
4) 能够灵活运用 CAD 界面设计技巧来实现更高效和个性化的工作流程。

素质目标

1) 深入理解 CAD 界面设计的原则和方法,能够通过不同的界面设计方案提高自己的工作效率和工作质量。
2) 具备创新思维和创造力,能够针对不同的设计需求,灵活运用 CAD 的界面设计技巧,创造出更具创意和实用性的设计方案。

知识讲解

进行 CAD 界面设计不仅是为了美观,更重要的是提高用户的工作效率和使用体验。界面设计需要遵循用户界面设计的基本原则，包括一致性、反馈性、可见性、可用性、直观性等，以便于用户使用。在 CAD 中，需要考虑 CAD 特有的功能和操作，如创建自定义对话框、使用面板、修改工具栏和菜单栏等。这些操作和功能需要在设计阶段规划好，以便后续使用。

为了实现这些目标，需要掌握一些基本技能和知识。首先，需要了解如何创建自定义对话框并绑定函数，即掌握 CAD 中自定义对话框的创建方法，以及如何通过编写相应的代码来实现其功能。其次，需要了解如何使用面板，包括如何创建面板、添加按钮、绑定函数等。面板能够方便地将一些常用的功能集成在一起，提高用户的使用效率。最后，需要了解如何修改工具栏和菜单栏，CAD 中的工具栏和菜单栏可以根据用户的需求进行自定义，以便更好地满足用户的工作需求。

通过学习这些技能和知识，能够更好地完成 CAD 界面设计，提高用户的使用体验和工作效率。同时，这些技能和知识也有助于完成更加复杂和高级的 CAD 界面设计，为用户提供更加完善的界面功能和操作体验。

## （一） CAD 界面设计的基本概念和原则

CAD 界面设计是指在 CAD 软件中，用户与计算机交互界面的设计。CAD 界面设计的原则是在提高用户操作效率和提升用户体验的基础上，充分发挥 CAD 软件功能。CAD 界面设计需要考虑的主要因素包括可用性、易学性、效率性、一致性和美观性等。

1）可用性：是指用户在使用软件时能否完成自己想要的操作。CAD 界面设计需要通过布局合理、控件设置明确、功能分类清晰等方式来提高软件的可用性。

2）易学性：是指用户初次接触软件时是否能够快速上手。CAD 界面设计需要通过设计简洁、直观的操作界面和符合用户习惯的交互方式来提高软件的易学性。

3）效率性：是指用户在使用软件时能够快速完成任务。CAD 界面设计需要通过提供快捷键、自定义菜单和工具栏等方式来提高软件的效率性。

4）一致性：是指在整个软件中，各个功能模块的操作方式和界面设计应该保持一致。CAD 界面设计需要通过规范化设计和统一的风格来提高软件的一致性。

5）美观性：是指界面设计的整体感觉和视觉效果。CAD 界面设计可以通过合理的色彩搭配、布局设计和符合用户审美的风格来提高软件的美观性。

## （二）对话框、面板、工具栏和菜单栏的作用和特点

界面修改在二次开发中扮演着重要的角色，因为良好的界面设计可使使用者更加容易上手并提高工作效率。在实际使用过程中，通过输入命令操作函数是不太实用的，因为开发者很难记住所有的命令和参数，因此通过图形化界面操作程序是更加直观和方便的方法。自定义对话框可以帮助用户在一个单独的窗口中输入和显示数据，它可以显示复杂的输入选项，而不需要在命令行中输入诸多参数。面板则可以用于显示和控制程序中的各种选项和信息，如工具提示、状态栏等，还可以展示更多的信息，如图形、属性和文本等。工具栏和菜单栏是用户可以快速访问程序的重要入口，它们提供了快速访问程序命令和功能的方法，使用户可以更加高效地完成任务。

对话框、面板、工具栏和菜单栏是 CAD 界面设计中常用的四种界面元素，它们的作用和特点如下：

**1. 对话框**

对话框是一种用于显示和编辑程序数据的界面元素。它包含各种控件，如文本框、复选框、单选框、下拉框、按钮等，用于接收和显示程序数据，并可以绑定相关的函数实现数据处理和计算等操作。对话框可以帮助用户更方便、更快捷地完成数据输入和编辑工作。

对话框分为两种类型，即模态对话框和非模态对话框。其中，在模态对话框关闭之前，用户不能对应用程序的其他界面进行操作；非模态对话框允许用户在该对话框和其他界面之间自由切换焦点。

**2. 面板**

面板是 CAD 界面中用于显示程序功能和工具的界面元素，一般位于 CAD 的侧边或底部。面板包含各种命令、工具、选项等，方便用户进行快速访问和使用。面板可以根据用户的需要进行自定义，以便快速地访问所需的功能。

**3. 工具栏**

工具栏是 CAD 界面中用于显示工具图标的界面元素，一般位于 CAD 的顶部或侧边。工具栏包含各种工具图标，用于快速选择和执行程序功能和命令。工具栏可以根据用户的需要进行自定义，以便快速地访问所需的功能。

**4. 菜单栏**

菜单栏是 CAD 界面中用于显示程序功能和选项的界面元素，一般位于 CAD 的顶部。菜单栏包含各种菜单和子菜单，用于快速访问和使用程序功能和选项。菜单栏可以根据用户的需要进行自定义，以便快速地访问所需的功能和选项。

## 任务一　创建自定义对话框

在使用 CAD 进行界面设计时，创建自定义对话框是一个常用的操作，能够方便用户进行数据的输入和输出。首先，需要在 Visual Studio 2017 中创建一个项目，并新建一个对话框资源。其次，可以在对话框中添加需要的控件，比如按钮、文本框等。再次，需要创建一个对话框类，并在其中添加事件处理程序。这些事件处理程序可以实现对控件的操作和响应用户的操作，使得程序能够达到预期的效果。最后，需要在工程中添加所需的头文件和源文件，并进行编译运行，即可看到自定义对话框。

总的来说，创建自定义对话框需要遵循一定的步骤，包括新建资源、添加控件、创建对话框类以及添加事件处理程序等，可以提高程序的用户友好性和可用性。

**1. 开发步骤细节**

步骤 1：启动 Visual Studio 2017，使用 ZRX 向导创建一个项目，命名为 ZWDialog。

步骤 2：在项目中右击解决方案，选择添加→新建资源→对话框。

步骤 3：选择视图中的工具栏，在工具栏中选择按钮，界面中就会显示一个新的按钮，将其命名为 Button1。

步骤 4：右击对话框新建类，将其命名为 TestDialog，右击按钮添加变量以及事件处理程序。

步骤 5：右击控件（在这里是按钮）添加类或变量，再添加事件，在事件函数中实现功能。

```
void TestDialog::OnBnClickedButton1()
{
  acutPrintf(TEXT("Hello World"));
  //TODO:在此添加控件,通知处理程序代码实现功能
}
```

代码解析：OnBnClickedButton1 函数是按钮的单击事件响应函数，通过 acutPrintf 函数输出一段文本。

步骤6：注册函数。

```
void ShowDialog()
{
  CAcModuleResourceOverride temp;
  TestDialog dia;
  dia.DoModal();
}
```

代码解析：这段代码是一个 ShowDialog 函数，其功能是显示一个名为 TestDialog 的对话框。该函数使用 CAcModuleResourceOverride 类设置资源的上下文环境，确保正确加载资源。然后创建一个名为 dia 的 TestDialog 实例，调用其 DoModal() 函数来显示对话框并等待用户输入。DoModal() 函数是一个模态对话框，即用户需要先处理完该对话框的所有任务才能回到主界面，因此该函数会一直等待用户的响应，直到对话框被关闭。

这个函数可以被放在任何需要显示 TestDialog 对话框处进行调用，如在命令的响应函数中或者在菜单项的单击事件中。

**2. 整体代码示例**

对话框类的头文件中示例代码如下：

```
#pragma once
//TestDialog 对话框
class TestDialog :public CDialog
{
  DECLARE_DYNAMIC(TestDialog)

public:
  TestDialog(CWnd* pParent=nullptr);   // 标准构造函数
  virtual ~TestDialog();

//对话框数据
#ifdef AFX_DESIGN_TIME
  enum { IDD=IDD_DIALOG1 };
```

```
#endif

protected:
  virtual void DoDataExchange(CDataExchange* pDX);    // DDX/DDV 支持

  DECLARE_MESSAGE_MAP()
public:
  afx_msg void OnBnClickedButton1();
  CButton Button1;
};
```

TestDialog 的自定义对话框类继承自 MFC 框架中的 CDialog 类。TestDialog 类具有默认构造函数和虚构函数，并且包含一个用于消息映射的宏 DECLARE_DYNAMIC。TestDialog 类还有一个 ID 为 IDD_DIALOG1 的对话框资源标识符，以及一个名为 Button1 的 CButton 成员变量。

在类的定义中，还包含一个成员函数 DoDataExchange，用于对话框控件和类成员变量之间的数据交换，以及一个消息映射函数 OnBnClickedButton1，用于处理 Button1 按钮的单击事件。

Cpp 文件中的代码示例如下：

```
#include "pch.h"
#include "TestDialog.h"
#include "afxdialogex.h"
//TestDialog 对话框
IMPLEMENT_DYNAMIC(TestDialog,CDialog)
TestDialog::TestDialog(CWnd* pParent /*=nullptr*/)
  :CDialog(IDD_DIALOG1,pParent)
{
}

TestDialog::~TestDialog()
{
}
void TestDialog::DoDataExchange(CDataExchange* pDX)
{
  CDialog::DoDataExchange(pDX);
  DDX_Control(pDX,IDC_BUTTON1,Button1);
}

BEGIN_MESSAGE_MAP(TestDialog,CDialog)
```

```
    ON_BN_CLICKED(IDC_BUTTON1,& TestDialog::OnBnClickedButton1)
END_MESSAGE_MAP()
//TestDialog 消息处理程序
void TestDialog::OnBnClickedButton1()
{
    acutPrintf(TEXT("Hello World"));
    //TODO:在此添加控件,通知处理程序代码实现功能
}
```

这段代码是创建自定义对话框的示例代码。它是一个继承自 CDialog 的 TestDialog 类，通过添加控件和处理控件消息实现对话框的功能。其中，DoDataExchange 函数用于将控件和成员变量关联起来，OnBnClickedButton1 函数是按钮的单击事件响应函数，通过 acutPrintf 函数输出一段文本。

**3. 运行效果**

自定义对话框运行效果图如图 7-1 所示。

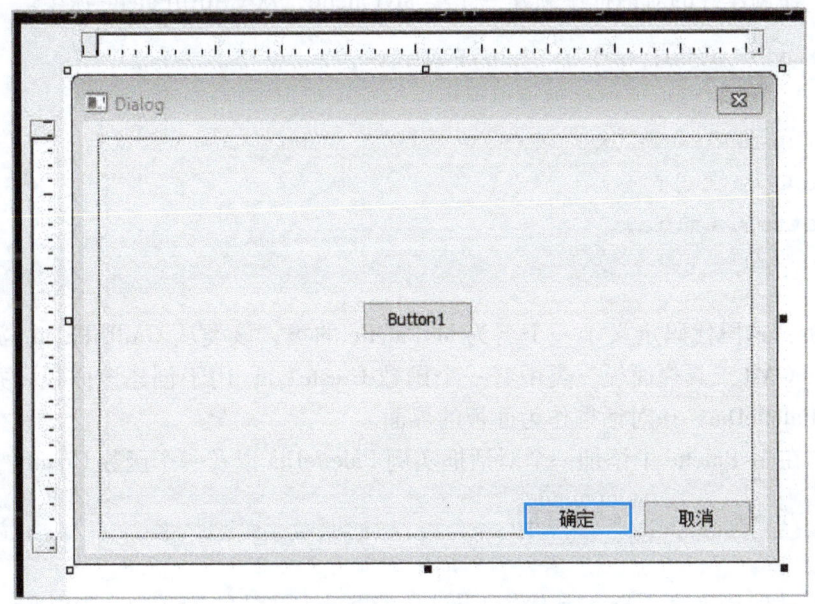

图 7-1　自定义对话框运行效果图

## 任务二　创建自定义面板

**1. ZWCAD 中的面板**

ZWCAD 中的面板是指类似于工具栏或菜单的交互式用户界面元素，通常包含一组工具按钮、复选框、文本框等，用于执行各种任务。

## 2. PaletteSet

PaletteSet 是 ZWCAD 的一个 API 对象，用于创建一个或多个面板的容器，可以在 ZWCAD 主窗口内浮动、停靠或自动隐藏。

## 3. CAdUiPalette

CAdUiPalette 是 ZWCAD 的一个 API 类，用于创建面板。创建自定义面板的基本步骤如下：

1）创建一个对话框或窗口，用于放置自定义面板。
2）创建一个派生自 CAdUiPalette 类的自定义面板类。
3）在自定义面板类中添加一个对话框或窗口实例，并实现 Create() 函数。
4）创建 PaletteSet 实例，将自定义面板添加到 PaletteSet 中，并设置 PaletteSet 的样式和属性。
5）显示 PaletteSet。

## 4. 开发步骤细节

步骤 1：新建一个对话框，修改对话框的属性"面板窗口"为"True"，"系统菜单"为"False"，"样式"为"child"。

步骤 2：在创建好的对话框中新建一个类 MyPalette，从 CAdUiPalette 派生。

```cpp
class MyPalette:public CAdUiPalette
{
public:
    void Create();
    PaletteDia mDia;
};
```

代码解析：这段代码定义了一个名为 MyPalette 的类，该类从 CAdUiPalette 派生，表示自定义的 AutoCAD 工具栏面板。类中有一个函数 Create()，用于创建该面板，并且有一个对话框实例 PaletteDia，该对话框作为面板的界面。

步骤 3：在 MyPalette 中添加一个对话框实例 PaletteDia 以及一个函数 Create()。

```cpp
void MyPalette::Create()
{
    CAdUiPalette::Create(WS_CHILD|WS_VISIBLE,TEXT("TestPalette"),this->GetPaletteSet(),0);

    mDia.Create(PaletteDia::IDD,this);
    mDia.SetWindowPos(NULL,0,0,200,500,SWP_SHOWWINDOW);
}
```

代码解析：该代码实现了自定义面板类 MyPalette 的 Create() 函数，该函数创建了一个带有 PaletteDia 面板实例的 CAdUiPalette，并将其添加到 PaletteSet 中。

在函数中，首先调用 CAdUiPalette 的 Create() 函数创建一个具有指定名称、样式和父窗口句柄的面板，并将其添加到指定的 PaletteSet 中。然后通过调用 PaletteDia 的 Create() 函数创建一个对话框实例，将其大小设置为 200×500，并将其位置设置为 (0, 0)。最后通过调用 SetWindowPos() 函数将对话框放置在面板的左上角，以便在面板中显示。

步骤 4：新建选项卡集合。

```
//创建 paletteSet
CRect rect(0,0,250,500);//初始大小
paletteSet.Create(TEXT("测试面板"),WS_OVERLAPPED | WS_DLGFRAME,
rect,acedGetAcadFrame(),
    PSS_EDIT_NAME | PSS_PROPERTIES_MENU | PSS_AUTO_ROLLUP | PSS_CLOSE_
BUTTON);
```

代码解析：这段代码用于创建一个新的面板集合（paletteSet）。在这里，使用 CRect 定义了面板集合的初始大小，并将其命名为"测试面板"。接下来，使用 WS_OVERLAPPED 和 WS_DLGFRAME 创建窗口样式，将面板集合与 Acad 框架关联，使其成为一个子窗口。使用 PSS_EDIT_NAME、PSS_PROPERTIES_MENU、PSS_AUTO_ROLLUP 和 PSS_CLOSE_BUTTON 四个选项对面板集合进行初始化，以提供自定义选项和自动滚动功能，并在面板标题栏上添加"×"按钮以关闭面板集合。注意面板集合要声明成静态类的方式。

步骤 5：创建面板类，将面板放在面板集合中。

```
//创建 palette 实例并添加到 paletteSet 中
pMyPalette=new MyPalette();
pMyPalette→SetPaletteSet(& paletteSet);
pMyPalette→Create();
paletteSet.AddPalette(pMyPalette);
```

代码解析：这段代码的作用是创建一个 MyPalette 对象，并将其添加到 CAdUiPaletteSet 对象 paletteSet 中，实现了在 ZWCAD 中创建一个新的面板。首先，通过 new 运算符创建了一个 MyPalette 对象，并使用 SetPaletteSet 方法将其与 paletteSet 对象相关联。然后，使用 Create 方法创建该对象的视图，并使用 AddPalette 方法将其添加到 paletteSet 对象中。这样，在 ShowPalette 函数中调用 paletteSet.RestoreControlBar 方法就可以将该面板显示在 ZWCAD 窗口中。

```
//显示面板集合
paletteSet.EnableDocking(CBRS_ALIGN_ANY);
paletteSet.RestoreControlBar();
```

代码解析：这部分代码是将创建好的面板集合显示出来的部分，其中 EnableDocking 用于设置面板是否可以停靠，RestoreControlBar 用于还原控制栏，以保证面板可以正常显示。

使用 acedGetAcadFrame()→ShowControlBar 函数将面板集合显示在 ZWCAD 主窗口中。

```
acedGetAcadFrame()→ShowControlBar(& paletteSet,TRUE,FALSE);
```

代码解析：acedGetAcadFrame() 是获取 ZWCAD 应用程序框架的函数，ShowControlBar() 是将面板集合显示在 ZWCAD 应用程序框架中的函数。TRUE 表示显示面板集合，FALSE 表示不激活面板集合。

5. 整体代码示例

MyPalette.h 部分代码如下：

```cpp
#pragma once
class MyPalette:public CAdUiPalette
{
public:
    void Create();
    PaletteDia mDia;
};
```

MyPalette.cpp 部分代码如下：

```cpp
#include "pch.h"
#include "acui.h"
#include "PaletteDia.h"
#include "MyPalette.h"
void MyPalette::Create()
{
    CAdUiPalette::Create(WS_CHILD | WS_VISIBLE,TEXT("TestPalette"),
this→GetPaletteSet(),0);

    mDia.Create(PaletteDia::IDD,this);
    mDia.SetWindowPos(NULL,0,0,200,500,SWP_SHOWWINDOW);

}
```

创建选项卡。在创建选项卡之前要新建选项卡集合，之后把选项卡放在选项卡集合中，注意选项卡集合要声明成静态类的方式。

```cpp
static CAdUiPaletteSet paletteSet;
static MyPalette * pMyPalette{ nullptr };
static MyPalette * pEnt{ nullptr };
void ShowPalette()
{
```

```
CAcModuleResourceOverride res;

if(paletteSet.GetSafeHwnd()==NULL)
{
  //创建paletteSet
  CRect rect(0,0,250,500);//初始大小
  paletteSet.Create(TEXT("测试面板"),WS_OVERLAPPED|WS_DLGFRAME,rect,acedGetAcadFrame(),
      PSS_EDIT_NAME | PSS_PROPERTIES_MENU | PSS_AUTO_ROLLUP | PSS_CLOSE_BUTTON);

  //创建palette实例并添加到paletteSet中
  pMyPalette=new MyPalette();
  pMyPalette->SetPaletteSet(&paletteSet);
  pMyPalette->Create();
  paletteSet.AddPalette(pMyPalette);

  //添加一个空的面板
  auto pEmpty=new CAdUiPalette();
  pEmpty->SetPaletteSet(&paletteSet);
  pEmpty->Create(WS_CHILD|WS_VISIBLE,
    L"Palette",
    &paletteSet,
    0);
  //新增到面板集合
  paletteSet.AddPalette(pEmpty);

  //显示面板集合
  paletteSet.EnableDocking(CBRS_ALIGN_ANY);
  paletteSet.RestoreControlBar();
}
acedGetAcadFrame()->ShowControlBar(&paletteSet,TRUE,FALSE);
return;
}
```

**6. 运行效果**

自定义面板的运行效果如图 7-2 所示。

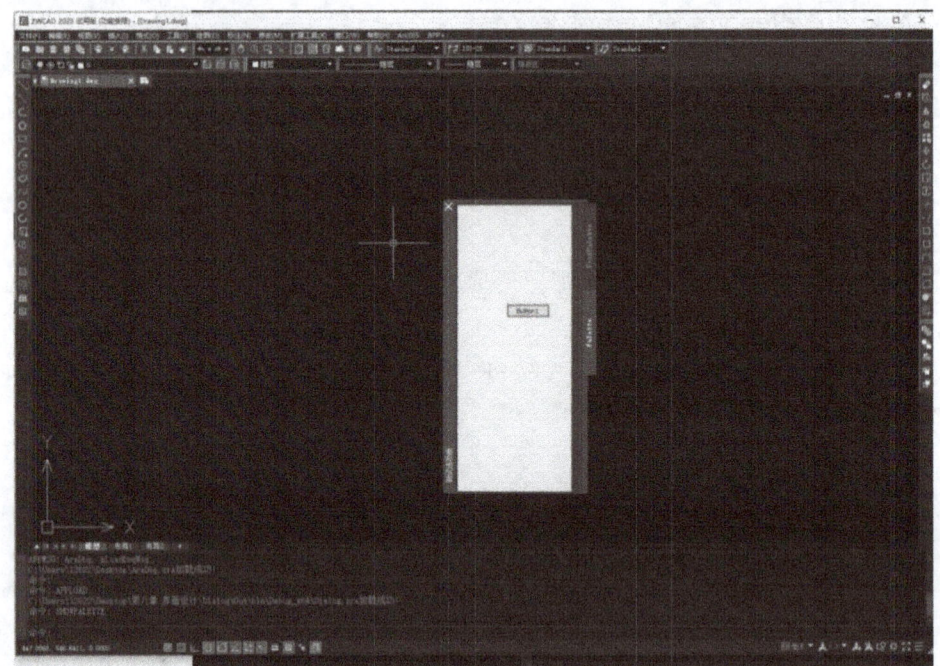

图 7-2　自定义面板的运行效果图

## 任务三　添加和修改菜单栏

**1. 相关知识**

添加和修改菜单栏使用 COM 接口。Component Object Model（COM）是一种面向对象的编程模型，它定义了组件之间交互的标准。在 CAD 二次开发中，COM 接口是一种用于实现组件之间通信的技术。通过 COM 接口，可以在不同的应用程序中共享和调用代码，这对于进行 CAD 二次开发非常有用。

在 CAD 中，COM 接口可访问 CAD 的许多功能，如 CAD 的对象模型和命令调用等。通过使用 COM 接口，开发者可以创建自己的 CAD 插件，增加自定义的功能。例如，可以创建自定义的命令和自定义的工具栏，实现自定义的绘图功能。

CAD 中的 COM 接口主要使用 Visual Basic for Applications（VBA）、LISP 和 NET 等编程语言进行开发。在使用 COM 接口进行二次开发时，需要注意 COM 接口的版本兼容性以及 COM 对象的内存管理等问题。

在 CAD 二次开发中，COM 接口是实现应用程序功能扩展和用户界面定制的关键技术。通过这些接口，开发者能够深入地与 CAD 软件的内部结构交互，实现添加和修改菜单栏以及工具栏的目的。利用 COM 接口，开发者可以创建新的菜单项或工具栏按钮，并将它们嵌入到软件的标准用户界面中。这些接口还允许开发者为新添加的元素设置图标、提示文本、命令或宏绑定，以及相应的事件处理程序，从而响应用户的操作。此外，COM 接口也支持对现有用户界面元素的修改，包括更改其属性、控制它们的显示和启用状态，以及更新其功能。通过这种方式，COM 接口为开发者提供了一个强大的工具集，使开发者能够根据特定需求定制 CAD 软件的工作环境，从而提高用户体验和工作效率。

添加和修改菜单栏的基本步骤如下：

1）添加 com 类型的引用。
2）获取应用程序和命令组集合。
3）获取命令组。
4）新建菜单栏并创建按钮。

**2. 开发步骤细节**

步骤 1：添加 com 类型的引用。

```
#include "CZcadApplication.h"
#include "CZcadMenuGroups.h"
#include "CZcadMenuGroup.h"
#include "CZcadToolbars.h"
#include "CZcadToolbar.h"
#include "CZcadToolbarItem.h"
#include "CZcadPopupMenus.h"
#include "CZcadPopupMenu.h"
#include "CZcadPopupMenuItem.h"
```

代码解析：通过鼠标右键添加新建项，选择 MFC 的 TypeLib 中的 MFC 类，在可用的类型库中选择 ZWCAD 2021 TypeLib，并从接口中找到如下头文件。

```
ICZcadApplication.h
ICZcadMenuGroups.h
ICZcadMenuGroup.h
ICZcadToolbars.h
ICZcadToolbar.h
ICZcadToolbarItem.h
ICZcadPopupMenus.h
ICZcadPopupMenu.h
ICZcadPopupMenuItem.h
```

确认选择后，这些头文件将全部添加到需要使用的代码文件中的 include 语句中。

步骤 2：获取应用程序和命令组集合。

```
IDispatch *pDisp=acedGetAcadWinApp()→GetIDispatch(TRUE);
CZcadApplication ZcadApp{ pDisp };
CZcadMenuGroups menuGroups=ZcadApp.get_MenuGroups();
```

代码解析：这段代码是用于获取 ZWCAD 的菜单组集合对象（CZcadMenuGroups）的实例。首先，通过 acedGetAcadWinApp() 函数获取 ZWCAD 应用程序对象的 IDispatch 接口指针。然后，使用 IDispatch 接口指针构造 CZcadApplication 对象，从而获取 ZWCAD 的应用程序对象，再调用 CZcadApplication 对象的 get_MenuGroups() 方法获取菜单组集合对象。最后，得到的 CZcadMenuGroups 对象可以用于添加、修改或删除 ZWCAD 的菜单组。

步骤 3：获取命令组。

```
VARIANT index;//其实就是一个 int 值,值为 0
VariantInit(& index);
V_VT(& index)=VT_I4;
V_I4(& index)=0;
int count=menuGroups.get_Count();
CZcadMenuGroup menuGroup=menuGroups.Item(index);
```

代码解析：这段代码中，首先，定义一个 VARIANT 类型的变量 index，并初始化。其次，通过调用 VariantInit() 函数对该变量进行初始化，将其类型设置为 VT_I4，即 32 位有符号整数，将其值设置为 0。再次，通过调用 menuGroups.get_Count() 函数获取菜单组集合中的菜单组数量，并将结果保存在变量 Count 中。最后，使用菜单组集合的 Item() 函数，根据索引值获取对应的菜单组对象，将其保存在 menuGroup 变量中。

步骤 4：新建菜单栏并创建按钮。

```
VARIANT itemIndex;//其实就是一个 int 值,值为 0
VariantInit(& itemIndex);
V_VT(& itemIndex)=VT_I4;
V_I4(& itemIndex)=0;

CZcadPopupMenus popupMenus=menuGroup.get_Menus();
CZcadPopupMenu popupMenu=popupMenus.Add(TEXT("测试菜单"));
CZcadPopupMenuItem popupMenuItem=popupMenu.AddMenuItem(itemIndex,TEXT("菜单按钮"),TEXT("Helloworld"));
popupMenu.InsertInMenuBar(index);
```

代码解析：这段代码的作用是创建一个名为"测试菜单"的菜单，并在该菜单下添加一个名为"菜单按钮"的菜单项。当该菜单项被单击时，会执行"Helloworld"命令。同时，该菜单会被插入到菜单栏的第一个位置（index=0）。

具体的实现过程：首先，获取当前 CAD 应用程序的 IDispatch 接口；其次，创建一个 CZcadApplication 对象来操作该应用程序；再次，通过获取应用程序的菜单组集合（CZcadMenuGroups）来获取第一个菜单组，并在该菜单组下添加一个名为"测试菜单"的弹出菜单（CZcadPopupMenu），并在该弹出菜单下添加一个名为"菜单按钮"的菜单项（CZcadPopupMenuItem）；最后，通过调用 InsertInMenuBar 函数将该菜单插入到菜单栏的第一个位置。

**3. 整体代码示例**

```cpp
#include "CZcadApplication.h"
#include "CZcadMenuGroups.h"
#include "CZcadMenuGroup.h"
#include "CZcadToolbars.h"
#include "CZcadToolbar.h"
#include "CZcadToolbarItem.h"
#include "CZcadPopupMenus.h"
#include "CZcadPopupMenu.h"
#include "CZcadPopupMenuItem.h"
void AddToolBar()
{
    IDispatch * pDisp=acedGetAcadWinApp()->GetIDispatch(TRUE);
    CZcadApplication ZcadApp{ pDisp };
    CZcadMenuGroups menuGroups=ZcadApp.get_MenuGroups();

    VARIANT index;//其实就是一个int值,值为0
    VariantInit(& index);
    V_VT(& index)=VT_I4;
    V_I4(& index)=0;
    int count=menuGroups.get_Count();
    CZcadMenuGroup menuGroup=menuGroups.Item(index);

    VARIANT itemIndex;//其实就是一个int值,值为0
    VariantInit(& itemIndex);
    V_VT(& itemIndex)=VT_I4;
    V_I4(& itemIndex)=0;

    CZcadPopupMenus popupMenus=menuGroup.get_Menus();
    CZcadPopupMenu popupMenu=popupMenus.Add(TEXT("测试菜单"));
    CZcadPopupMenuItem popupMenuItem=popupMenu.AddMenuItem(itemIndex,TEXT("菜单按钮"),TEXT("Helloworld"));
    popupMenu.InsertInMenuBar(index);
}
```

注：主要关注代码最后一个部分。

## 任务四　添加和修改工具栏

**1. 相关知识**

添加和修改工具栏需要注意以下内容：

1）工具栏的添加和修改需要进行权限的判断，只有具有管理员权限的用户才能进行修改操作。

2）在添加工具栏时，需要考虑工具栏的位置和大小，避免遮挡了 CAD 的其他窗口或者对 CAD 的操作造成干扰。

3）在修改工具栏时，需要注意不要误删除或修改 CAD 系统自带的工具栏，以免造成不必要的麻烦。

4）在添加和修改工具栏按钮时，需要注意按钮的命令名称、图标和提示信息的设置，以方便用户使用。

5）在进行 CAD 二次开发时，需要遵循相关的 API 规范，避免使用不合适的 API 导致程序崩溃或出现其他异常情况。

**2. 开发步骤细节**

步骤 1：添加 com 类型的引用。
同本章任务三中的步骤 1。
步骤 2：获取应用程序和命令组集合。
同本章任务三中的步骤 2。
步骤 3：获取命令组。
同本章任务三中的步骤 3。
步骤 4：新建工具条并添加按钮。
与添加菜单栏非常相似，代码示例如下：

```
VARIANT flyBool;//其实就是一个bool值,值是false
  VariantInit(& flyBool);
  V_VT(& flyBool)=VT_BOOL;
  V_BOOL(& flyBool)=false;


  CZcadToolbars toolBars=menuGroup.get_Toolbars();
  CZcadToolbar newToolBar=toolBars.Add(TEXT("测试工具栏"));//工具
栏名称

  CZcadToolbarItem  newToolBarItem1  =  newToolBar.AddToolbarButton
(itemIndex,TEXT("Hello World"),TEXT("Hello World help tips"),TEXT("hel-
loworld"),flyBool);
```

代码解析：这段代码用于在 ZWCAD 二次开发中添加一个名为"测试工具栏"的工具栏，并在工具栏中添加一个名为"Hello World"的按钮。首先，初始化一个 bool 类型的 VARIANT 变量 flyBool，值为 false。其次，通过 ICZcadMenuGroup 接口的 get_Toolbars 方法获取菜单组中的工具栏集合 CZcadToolbars。再次，调用 CZcadToolbars 接口的 Add 方法，添加一个名为"测试工具栏"的工具栏，并将返回值保存在 CZcadToolbar 类型的变量 newToolBar 中。然后，调用 CZcadToolbar 接口的 AddToolbarButton 方法，向新创建的工具栏中添加一个名为"Hello World"的按钮，并将返回值保存在 CZcadToolbarItem 类型的变量 newToolBarItem1 中。在 AddToolbarButton 方法的参数中，传入初始化后的 itemIndex 变量作为按钮在工具栏中的索引位置，将"Hello World"作为按钮的名称，将"Hello World help tips"作为按钮的提示信息，将"helloworld"作为按钮的命令名称。最后，在 AddToolbarButton 方法的最后一个参数中，传入初始化的 flyBool 变量，表示该按钮是否可以飞出工具栏。执行完毕后，新的工具栏和按钮已经成功添加到 ZWCAD 软件中。

3. **整体代码示例**

```
void AddMenu()
{
  IDispatch * pDisp=acedGetAcadWinApp()->GetIDispatch(TRUE);
  CZcadApplication ZcadApp{ pDisp };
  CZcadMenuGroups menuGroups=ZcadApp.get_MenuGroups();

  VARIANT index;//其实就是一个 int 值,值为 0
  VariantInit(& index);
  V_VT(& index)=VT_I4;
  V_I4(& index)=0;
  int count=menuGroups.get_Count();
  CZcadMenuGroup menuGroup=menuGroups.Item(index);

  VARIANT itemIndex;//其实就是一个 int 值,值为 0
  VariantInit(& itemIndex);
  V_VT(& itemIndex)=VT_I4;
  V_I4(& itemIndex)=0;

  VARIANT flyBool;//其实就是一个 bool 值,值是 false
  VariantInit(& flyBool);
  V_VT(& flyBool)=VT_BOOL;
  V_BOOL(& flyBool)=false;

  CZcadToolbars toolBars=menuGroup.get_Toolbars();
  CZcadToolbar newToolBar=toolBars.Add(TEXT("测试工具栏"));//工具栏名称
```

```
        CZcadToolbarItem  newToolBarItem1 = newToolBar.AddToolbarButton
(itemIndex,TEXT("Hello World"),TEXT("Hello World help tips"),TEXT("hel-
loworld"),flyBool);
    }
}
```

## 【任务评价】

本章的自定义对话框、自定义面板、添加和修改菜单栏、添加和修改工具栏任务是界面设计中的核心内容。这些任务直接关系到用户与软件交互的界面和体验，因此对于提升软件的易用性和功能性至关重要。

自定义对话框允许开发者根据特定工作流程的需要设计用户输入界面，这样可以简化用户的操作步骤，提高工作效率。通过自定义对话框，可以引导用户更加直观地完成特定的任务，降低错误输入的可能性，增加软件的友好度。自定义面板则进一步扩展了用户界面的个性化选项，可以将常用的工具和命令集中在一起，便于用户访问。这种定制化可以极大地提升用户的工作效率，尤其是在处理复杂项目时。添加和修改菜单栏使得开发者能够将新功能整合到现有的菜单结构中，或者根据特定需求创建全新的菜单结构。这样不仅可以使得新功能更加容易被发现和使用，还可以保持用户界面的一致性和整洁性。添加和修改工具栏可为用户提供最直接的帮助。工具栏中的快速访问按钮可以减少用户执行命令的时间，特别是对于那些需要频繁使用特定功能的用户来说，这一点尤为重要。

总体而言，熟练掌握这些任务对于希望通过二次开发来增强 CAD 软件功能和改进用户体验的开发者来说都是极为重要的。它们可使软件能适应不同用户的需求，同时也促进了软件的个性化和专业化。

## 【知识测试】

一、选择题

1. CAD 界面设计的基本原则不包括（    ）。
  A. 一致性　　　　　B. 反馈　　　　　C. 可见性　　　　　D. 复杂性
2. 在 ZWCAD 中，创建自定义对话框时，（    ）类用于处理对话框消息。
  A. CDialog　　　　B. CWnd　　　　　C. CFrameWnd　　　D. CView
3. （    ）用于将自定义面板添加到 PaletteSet 中。
  A. AddDialog　　　B. AddPalette　　　C. AddToolbar　　　D. AddMenu
4. 在 ZWCAD 中，（    ）用于创建工具栏。
  A. CZcadMenuGroup　　　　　　　　B. CZcadToolbars
  C. CZcadPopupMenus　　　　　　　　D. CZcadApplication
5. 使用 COM 接口添加菜单项时，（    ）用于将菜单插入菜单栏。
  A. AddMenuItem　　B. InsertInMenuBar　C. AddToolbarButton　D. CreateMenu

二、填空题

1. CAD 界面设计需要遵循用户界面设计的基本原则，包括_____、反馈性、可见性、可用性、直观性等。

2. 在 ZWCAD 中，面板是通过_____类来创建的。
3. 在创建自定义工具栏时，使用_____方法将新工具栏添加到工具栏集合中。
4. 在自定义对话框中，单击按钮的事件响应函数通常以_____开头。
5. 在 ZWCAD 的 COM 接口中，获取应用程序对象的 IDispatch 接口指针的方法是_____。

三、判断题
1. CAD 界面设计的主要目标是提高用户操作效率和提升用户体验。　　　（　　）
2. 在 ZWCAD 中，面板只能包含按钮，不能包含其他控件。　　　　　　（　　）
3. 自定义对话框可以帮助用户在一个单独的窗口中输入和显示数据。　　（　　）
4. 工具栏和菜单栏在 CAD 中不能被自定义。　　　　　　　　　　　　　（　　）
5. 在使用 COM 接口进行 CAD 二次开发时，需要注意 COM 接口的版本兼容性问题。（　　）

## 【课后拓展】

1. 自定义 CAD 界面主题：尝试修改 CAD 界面的颜色、字体和图标等，创建一个符合个人喜好和风格的自定义界面主题。

2. 定制交互式工具栏：了解 CAD 的交互式工具栏功能，学习如何创建自定义的交互式工具栏，将常用命令和功能组织成符合逻辑的按钮布局。

3. 创建自定义右键菜单：学习如何添加自定义的右键菜单选项，为特定的对象或操作添加自定义的上下文菜单，提供更便捷的功能操作。

4. 整合外部应用程序：了解 CAD 的外部应用程序接口（API），尝试将外部应用程序集成到 CAD 界面中，实现与其他应用程序的数据交换和功能互操作。

5. 用户界面优化实践：选择一个具体的 CAD 二次开发项目，从用户界面设计的角度出发，进行优化和改进，提升用户的使用体验和效率。

# 第八章 用户交互

本章主要介绍用户与 CAD 进行交互的一般方式，包括命令行输入、图形界面交互、选择集操作、数据输入等内容。通过学习本章内容，掌握这些常见的交互方式，从而更加高效地使用 CAD 软件完成各种绘图任务。

**知识目标**

1) 理解 CAD 软件中命令和数据输入的基本概念和原理。
2) 理解 CAD 软件中选择集操作的基本概念和原理。
3) 了解 CAD 软件中常用的命令和数据输入方式。
4) 了解 CAD 软件中选择集的使用方式和常见操作。

**技能目标**

1) 能够使用程序向 CAD 软件发送命令和进行数据输入，实现对 CAD 软件的控制。
2) 能够使用程序操作选择集，对 CAD 中的图形进行选取、编辑等操作。
3) 能够编写程序，实现对 CAD 软件的自动化控制和操作。
4) 能够结合实际应用场景，灵活运用 CAD 软件的命令和数据输入方式，实现特定的功能需求。

**素质目标**

1) 具备良好的 CAD 设计思维和创新能力，能够灵活运用 CAD 工具完成各类设计任务。
2) 具备高效的数据输入和命令操作能力，能够快速、准确地输入各类数据，执行各类命令。
3) 具备准确的选择集操作能力，能够灵活选择各类图形对象，并对其进行编辑、修改等操作。
4) 具备团队协作和沟通能力，能够与其他 CAD 设计师、工程师等进行有效的沟通和协作，完成各类团队项目。

# 第八章 用户交互

## 知识讲解

### 1. 命令和数据输入的基本概念和原理

在 CAD 软件中，命令和数据输入是用户与软件进行交互的基本方式，是实现 CAD 设计的核心基础。命令是指用户输入的一系列指令，使 CAD 软件按照用户意愿进行操作。数据输入是指用户通过键盘、鼠标等输入设备输入需要操作的具体参数值，如绘制一条直线需要输入其起点和终点坐标。

在 CAD 软件中，命令和数据输入的实现原理是通过接口实现的。CAD 软件提供了一系列接口，使得开发者可以通过编程实现命令和数据输入等操作。例如，通过 ICZacadApplication 接口可以获取 CAD 应用程序对象，通过 ICZacadDocument 接口可以获取当前文档对象，通过 ICZacadSelectionSet 接口可以获取选择集对象等。

同时，CAD 软件还提供了一些常用的命令和数据输入方式，如通过菜单、工具栏等图形界面进行操作或者通过命令行输入指令和参数值等。这些常用方式使得用户可以方便、快捷地进行 CAD 设计，同时也为开发者提供了更加丰富的接口和工具，来实现自定义的命令和数据输入方式。

总之，理解 CAD 软件中命令和数据输入的基本概念和原理，对于从事 CAD 设计和开发工作的人员来说是非常重要的。掌握这些知识，可以帮助开发者更好地实现 CAD 设计和开发工作，提高工作效率和质量。

### 2. 选择集操作的基本概念和原理

在 CAD 软件中，选择集是指通过指定条件或手动选择的一组实体对象集合。选择集操作是 CAD 二次开发中非常常见的操作，可用于对选择集中的对象进行相应的操作。

选择集可以分为手动选择和程序选择。手动选择是通过在 CAD 软件中手动选择实体对象来生成选择集，而程序选择是通过指定条件来筛选符合条件的实体对象生成选择集。

选择集可以根据其所包含的实体对象数量分为单一对象选择集和多个对象选择集。单一对象选择集只包含一个实体对象，而多个对象选择集则包含多个实体对象。

在选择集操作中，还可以指定选择集的过滤条件，如选择指定类型的实体对象或选择某个图层中的实体对象等。

通过选择集操作，可以对选择集中的实体对象进行各种操作，比如修改它们的属性、移动它们的位置、删除它们等。因此，选择集操作是 CAD 二次开发中非常重要的一部分。

### 3. 常用的命令和数据输入方式

在 CAD 软件中，常用的命令和数据输入方式是与软件交互的基本方式。

命令是 CAD 软件中最基本的操作单位，是 CAD 软件响应用户操作的方式之一。当用户输入命令时，CAD 软件会根据命令执行相应的操作，如绘制图形、修改图形、打印等。CAD 软件支持多种方式的命令输入，如在命令行窗口中输入命令、使用快捷键、单击工具栏按钮等。

数据输入是指在执行命令时，用户需要输入的相关数据。在 CAD 软件中，数据输入的方式也较多，常见的有以下几种：

（1）坐标输入　用户可以通过键盘输入绘图所需的坐标值，如点、直线、圆等图形的起始点和终止点坐标值。

（2）动态输入  当用户执行某些命令时，CAD 软件会在屏幕上显示命令相关的提示信息，用户可以通过移动光标来选择相应的选项和数据。

（3）对话框输入  CAD 软件提供了各种对话框来帮助用户输入相关数据。用户可以在对话框中设置图形的属性、修改对象的属性等。

（4）图形拾取  CAD 软件提供了图形拾取功能，用户可以选择已经绘制好的图形对象，作为命令的输入数据。

熟练掌握常用的命令和数据输入方式是 CAD 软件的基本使用技能之一，能够提高绘图效率和准确度。

**4. 选择集的使用方式和常见操作**

在 CAD 软件中，选择集是用于操作或者查询 CAD 图形中一组对象的工具。它允许用户在大型图形中定位特定的对象，从而提高操作效率。

选择集可以由各种不同的方法创建，其中最常见的是手动选择对象、使用过滤器选择对象，以及从以前保存的选择集中恢复。还可以通过在编辑过程中创建新的对象来动态创建选择集。一旦选择集创建完成，用户就可以对其进行操作，如移动、旋转、缩放、删除、复制等。

在选择集操作中，有一些常见的命令和选项。例如，可以使用"单击选择"来选择一个对象，使用"框选"来选择一个区域内的所有对象，使用"选择所有"来选择整个图形，使用"反选"来选择所有未被选择的对象，使用"交叉选择"来选择与选择集相交的对象，使用"过滤选择"来根据特定的过滤器条件选择对象等。

开发者可以通过选择集来获取或修改图形中的对象，如将选择集中的所有线段加粗或者更改它们的颜色。选择集是 CAD 中一个非常有用的功能，它可以帮助用户在复杂的图形中更加高效地操作对象，同时也为开发者提供了许多方便的操作方法。

## 任务一  acedCommand 函数和结果缓冲区

**1. 相关知识**

在 ZRX 编程中，可以使用 acedCommand 或 acedCmd 函数来执行 ZWCAD 的内部命令，这与在 ZWCAD 中直接执行相应命令的效果是一样的。

在 ZRX 编程中，acedCommand 或 acedCmd 函数用于发送命令给 CAD 应用程序。这些函数的作用类似于用户在 CAD 命令行中输入命令，可以执行任何 CAD 支持的命令，包括自定义命令和标准命令。这些函数还可以与 acedGetString 函数等其他函数结合使用，实现对用户输入的控制。acedCommand 函数与 acedCmd 函数的主要区别在于，前者是将命令作为字符串参数传递的，而后者是将命令名称作为常量传递的。

acedCommand 和 acedCmd 函数都可以用于执行命令，但它们执行命令的方式和返回结果的方式不同。

acedCommand 函数执行命令时，将命令名和参数作为字符串传递给 AutoCAD，类似于在 AutoCAD 命令行中输入命令和参数。其执行结果直接输出到 AutoCAD 命令行中，无法获取返回结果。通常使用 acedCommand 执行不需要返回结果的简单命令。

acedCmd 函数执行命令时，将命令名和参数作为数组传递给 AutoCAD，可以通过结果缓冲区来获取命令执行的返回结果。acedCmd 适用于需要获取命令执行结果的情况，如查询命令的返回值、对象信息等。

结果缓冲区（result buffer）是一个指向存储命令结果的内存区域的指针。当通过 acedCommand 或 acedCmd 函数调用 AutoCAD 命令时，命令执行后的结果通常会被保存在结果缓冲区中。开发者可以通过处理结果缓冲区来获取执行命令后的结果。结果缓冲区是一个由 AutoCAD 管理的内存区域，开发者不需要自己分配或释放它。通常，当命令执行完成后，AutoCAD 会将结果缓冲区的指针返回给开发者。开发者可以通过调用 acedGetLastCommandResult 函数来获取最后一个命令的结果缓冲区指针。

结果缓冲区作为一种特殊的数据类型，在某些特定的场合仍有不可替代的作用，因此在实例中，可以通过创建和访问结果缓冲区的内容帮助开发者更好地理解结果缓冲区的结构。

**2. 方法**

（1）acedCommand 函数　acedCommand 函数的定义为

```
int acedCommand(int rtype,...unnamed);
```

该函数的参数个数是可变的，并且参数成对出现。参数对中第一个参数表示参数的类型，第二个参数表示其实际的数据。参数表的最后一个参数必须是 0 或者 RTNONE（推荐使用 RTNONE）。

以下是使用 acedCommand 函数的基本步骤。

1）初始化一个 acedCmdStruct 结构体变量 cmd，用于存储命令的相关信息，包括命令字符串、接收结果的缓冲区等。

2）使用 acedInitGet 函数初始化命令行参数输入的选项。

3）使用 acedGetPoint 函数等接收用户输入的命令行参数。

4）调用 acedCommand 函数执行命令。

5）检查 acedCommand 的返回值，判断命令执行是否成功。

6）使用 acedGetString 函数等获取命令执行的结果。

在 ZWCAD 中创建一个圆心为（0,0）、半径为 10mm 的圆，部分代码如下：

```
acedCommand(RTSTR,TEXT("Circle"),    //命令
RTSTR,TEXT("0,0,0"),                 //圆心
RTSTR,TEXT("10"),                    //半径
RTNONE);                             //结束命令
```

对比之前创建圆的方法，使用 acedCommand 函数要简洁很多，没有对块表操作的部分，但缺点是只能进行比较简单的设置，对于图层、颜色等设置则无法执行。而对于一些操作（如缩放）在 ZRX 中控制可能会比较麻烦，而采用发送命令的方式则比较快捷。

（2）acedCmd 函数　acedCmd 函数的定义为

```
int acedCmd(const struct resbuf * rbp);
```

该函数的参数是一个 resbuf 类型的指针，这里需要的结果缓冲区可以由 acutBuildList 函数生成。由于 acedCommand 函数实质上也是为要执行的命令构造一个 resbuf 结构，因此 acedCmd 函数和 acedCommand 函数完全能够实现相同的功能。

(3) 结果缓冲区　结果缓冲区（resbuf）是 ZRX 中定义的一个结构体，其定义为

```
struct resbuf{
struct resbuf * rbnext;        // 连接列表的指针
short restype;
union ads_u_val resval;
};
```

代码解析：这段结构体用于在 AutoCAD 中处理和传递一些通用的数据结构，如命令参数、坐标等。rbnext 是连接列表的指针，用于将多个 resbuf 结构体组成一个链表，以传递更多的参数或数据。restype 是 resbuf 的类型，如字符串、整数、浮点数等。resval 是 union 类型的联合体，包含了不同类型的数据值。

通过将多个 resbuf 结构体连接成一个链表，可以实现向 AutoCAD 发送命令、获取选择集、获取实体属性等功能。例如，通过构建一个包含 restype 为 RTSTR、resval 为命令字符串的 resbuf 结构体，可以通过 acedCmd 函数向 AutoCAD 发送一个命令。而通过构建包含 restype 为 RTPOINT 和 resval 为坐标值的 resbuf 结构体，可以获取或设置 AutoCAD 中实体的位置信息。

联合体 ads_u_val 的定义为

```
union ads_u_val{
ads_real rreal;
ads_real rpoint[3];

short rint;                    //必须声明为 short,而不是 int
char * rstring;
long rlname[2];
long rlong;
struct ads_binary rbinary
```

resbuf 结构体中的 rbnext 指针可以将多个结果缓冲区连接成一个单链表，当 rbnext 等于 NULL 时表示到达了链表的末尾。在访问结果缓冲区的内容时，通常定义两个 resbuf 指针，一个指向链表的开头（以备在使用完毕后用 acutRelRb 函数释放结果缓冲区的存储空间），另一个用于遍历链表，在 Entinfo 命令的实现函数中详细演示了这种用法。

acutBuildList() 函数可以用于构建结果缓冲区，该函数的定义如下：

```
struct resbuf * acutBuildList(short type,…);
```

该函数的第一个参数 type 表示结果缓冲区中的第一个数据项类型，后面的参数则表示该类型数据项的值。可以在函数调用时传入任意一个参数来创建结果缓冲区。该函数会根据传入的参数自动创建一个包含所有参数数据项的结果缓冲区，并返回该结果缓冲区的头指针。

例如，创建一个包含一个字符串类型数据项和一个整数类型数据项的结果缓冲区，并将其保存在变量 rb 中，代码如下：

```
resbuf * rb=acutBuildList(RTSTR,"Hello,World!",RTSHORT,123);
```

第一个参数 RTSTR 表示字符串类型，"Hello,World!"是字符串类型数据项的值；第二个参数 RTSHORT 表示整数类型，123 是整数类型数据项的值。函数会自动将这两个数据项添加到结果缓冲区中，并返回该结果缓冲区的头指针。

需要注意的是，使用 acutBuildList( ) 函数创建的结果缓冲区在使用完成后需要手动释放内存，即可以使用 acutRelRb( ) 函数释放结果缓冲区，否则会导致内存泄漏。

在使用 ZWCAD 的过程中，经常需要创建并操作结果缓冲区，但是在一些情况下，也需要释放已经创建的结果缓冲区，避免不必要的内存占用。此时就可以使用 acutRelRb( ) 函数删除结果缓冲区。

acutRelRb( ) 函数是在 ZRX 编程中常用的函数之一，它可以用于删除结果缓冲区。这个函数的定义如下：

```
void acutRelRb(struct resbuf * pRb);
```

其中，pRb 表示要释放的结果缓冲区的指针。

使用 acutRelRb( ) 函数释放结果缓冲区的步骤如下：
1）获得要释放的结果缓冲区的指针 pRb。
2）调用 acutRelRb( ) 函数，将 pRb 作为参数传入。
3）程序会自动删除结果缓冲区，释放内存。

需要注意的是：释放结果缓冲区后，应该将指向结果缓冲区的指针设置为 NULL，以避免误用已释放的内存。

当需要创建一个新的结果缓冲区节点时，可以使用 acutNewRb 函数。结果缓冲区节点是用于存储返回结果的数据结构，通常是一个链表，其中每个节点都包含一个数据类型和一个数据值。acutNewRb 函数返回一个指向新分配的结果缓冲区节点的指针。

在使用 acutBuildList 函数创建结果缓冲区时，需要使用 acutNewRb 函数来创建新节点，并将其添加到结果缓冲区的链表中。此外，在其他情况下需要手动创建结果缓冲区节点时，也可以使用 acutNewRb 函数。例如，当需要创建自定义的结果缓冲区结构时，可以使用 acutNewRb 函数来分配内存并初始化节点。

acutNewRb 函数用于创建一个新的 resbuf 结构体并返回指向该结构体的指针。resbuf 结构体是 AutoCAD 中用于存储命令结果或从命令中读取参数的缓冲区结构体。

acutNewRb 函数的定义如下：

```
resbuf * acutNewRb(short restype);
```

其中，restype 是要创建的 resbuf 结构体的类型。

acutNewRb 函数创建一个新的 resbuf 结构体，并将 rbnext 指针设置为 NULL，resval 结构体中的每个成员都设置为 0。然后，将 restype 参数的值赋值给 resbuf 结构体中的 restype 成员。

使用 acutNewRb 函数创建的 resbuf 结构体可以用于存储任何类型的数据，包括整数、浮点数、字符串和其他复杂的数据结构。在使用完 resbuf 结构体后，应该使用 acutRelRb 函数将其释放，以避免内存泄漏。

**3. 对比直接输入和用结果缓存区的优缺点**

直接输入命令的优点是简单方便，不需要进行结果缓冲区的创建、填充和释放等操作，对于一些简单的命令和数据输入，可以直接使用。但其也存在以下缺点：

1）需要手动输入命令，如果输入错误可能会浪费时间和影响工作效率。

2）输入命令需要准确记忆命令的名称和参数，对于新手来说可能需要花费更长的时间学习和记忆。

3）无法重复执行上一次命令或者进行撤销操作。

4）如果需要执行一些复杂的操作或者需要执行多个命令，直接输入命令可能不是最佳选择。

5）在一些情况下，命令的参数需要根据具体情况进行输入，如果输入错误可能会导致不可预知的结果。

对于复杂的操作或者需要重复执行的操作，使用结果缓冲区的优点是可以更加灵活地操作和处理数据，动态调整要输入的内容，可以在程序中对数据进行加工和处理后再传输给 CAD，也可以从 CAD 中获取数据并在程序中进行处理，而且有的信息只能通过结果缓存区进行输入和输出。此外，使用结果缓冲区可以更加方便地对多个数据进行处理，如选择集中的多个实体对象。

**4. 整体代码**

```
void AddCircle()
{
  //声明 ADS 变量
  ads_point ptCenter={ 0,0,0 };              // 圆心
  ads_real radius=10;                         // 半径

  //调用 acedCommand 函数创建圆
  acedCommand(RTSTR,TEXT("Circle"),           // 命令
    RTPOINT,ptCenter,                         // 圆心
    RTREAL,radius,                            // 半径
    RTNONE);                                  // 结束命令

  //使用结果缓冲区链表创建圆
  struct resbuf * rb;                         // 结果缓冲区
  int rc=RTNORM;                              // 返回值

  //创建结果缓冲区链表
  ads_point ptCenter1={ 30,0,0 };
  ads_real radius1=10;
  rb=acutBuildList(RTSTR,TEXT("Circle"),
```

```
    RTPOINT,ptCenter1,
    RTREAL,radius1,
    RTNONE);

//创建圆
if(rb!=NULL)
{
    rc=acedCmd(rb);
}
//释放结果缓存区
acutRelRb(rb);

//进行缩放
acedCommand(RTSTR,TEXT("Zoom"),RTSTR,TEXT("E"),RTNONE);
}
```

## 任务二　数 据 输 入

**1. 相关知识**

在 CAD 二次开发过程中，数据输入是非常重要的一部分。数据输入是指用户在 CAD 软件中输入各种数值、字符串、点坐标、选择集等数据的过程。在 CAD 二次开发中，开发者可以通过程序自动获取或者提供数据输入界面让用户进行输入，从而实现程序的自动化或者半自动化操作。例如，用户在使用 ZWCAD 作图的过程中，使用命令_pline 指定起点，再指定下一个点或进行［单击圆弧（A）→半宽（H）→长度（L）→放弃（U）→宽度（W）］等操作，此时需要获取的信息为起始点、关键字，以决定下一步的操作流程、数值（宽度、长度）等。所以，需要用户输入一系列的值，此时可以通过 acedGet×××方法获取想要的值。这里的 acedGet×××代表着一类方法。

（1）acedGetPoint 函数　acedGetPoint 函数的定义为

```
int acedGetPoint(const ads_point pt,const ACHAR * prompt,ads_point result);
```

acedGetPoint 函数是 ZRX 编程中用于获取用户输入点的函数。当程序执行该函数时，会等待用户在 CAD 界面中指定一个点，然后将这个点的坐标信息保存在一个名为 point 的 ads_point 类型变量中。

acedGetPoint 函数有多个参数，其中比较重要的是：

1）point 参数：一个指向 ads_point 类型变量的指针，用于存储用户输入的点的坐标信息。

2）prompt 参数：一个用于提示用户输入的字符串，可以为空。

除此之外，acedGetPoint 函数还可以接收其他参数，如设置用户输入限制的过滤器等。

需要注意的是，acedGetPoint 函数是一个阻塞函数，当程序执行该函数时，会一直等待用户输入点的操作，直到用户输入完成为止。因此，使用这个函数时需要注意控制程序的执行顺序，避免出现死循环等问题。

（2）acedGetReal 函数　acedGetReal 函数的定义为

```
int acedGetReal(const ACHAR * prompt,ads_real * result );
```

acedGetReal 函数用于从用户那里获取实数值（即浮点数）。该函数不但可以获取单个实数或多个实数，还支持各种选项，如指定默认值、输入范围等。函数中，prompt 是一个字符串指针，表示在命令行上显示的提示信息；result 是一个双精度浮点数指针，表示输入的结果。

以下是带有一些选项的 acedGetReal 函数的格式：

```
int acedGetReal (const ACHAR * prompt,double * result,const double dfault,const int flags,const ACHAR * pKeywords);
```

其中，dfault 是一个双精度浮点数，表示默认值；flags 是一个整数，表示选项；pKeywords 是一个字符串指针，表示可选关键字，包括以下选项。

1）RSG_NOZERO：禁止输入 0 值。
2）RSG_NONEG：禁止输入负值。
3）RSG_GETZ：允许输入 0 值。
4）RSG_NOACCEPT：如果用户输入无效，则返回错误。

这些选项可以使用位标志进行组合。例如，如果要禁止输入 0 值和负值，可以将 flags 设置为 RSG_NOZERO | RSG_NONEG。

acedGetReal 函数是 AutoCAD 二次开发中常用的输入函数，它可以让开发者从用户那里获取实数值并提供各种选项，以进行更细化的控制。

（3）acedGetString 函数　acedGetString 函数的定义为

```
int acedGetString (int cronly,const ACHAR * prompt,ACHAR * result, size_t bufsize );
```

acedGetString 是 AutoCAD ZRX API 中的一个函数，用于从命令行接收字符串输入。cronly 是字符串的模式。如果是非零值，那么返回的字符串可以包含空格，用户在结束输入时必须按<Enter>键；如果是零，那么返回的字符串不会包含空格，按<Space>或<Enter>键都会终止字符串输入。

cronly 表示一个标志位，用于指定字符串输入时是否要弹出对话框。如果为 1，则弹出；否则，不弹出。prompt 表示一个字符串，用于提示用户输入的信息。result 表示一个指针，用于存储用户输入的字符串。

该函数的返回值为错误码，如果函数执行成功，则返回 RTNORM。

例如，以下代码使用 acedGetString 函数从命令行接收用户输入的字符串，并在控制台中输出：

```
#include "acutads.h"
#include "acedads.h"

void testGetString()
{
  TCHAR str[256];
  int ret=acedGetString(1,_T("请输入字符串:"),str);
  if(ret==RTNORM){
      acutPrintf(_T("您输入的字符串为:%s\n"),str);
}
}
```

当执行 testGetString 函数时，程序会在命令行中弹出一个对话框，提示用户输入字符串。用户输入完成后，函数会将用户输入的字符串存储在 str 变量中，并在控制台中输出该字符串。

（4）acedGetKword 函数　acedGetKword 是 ZRX 编程中的一个函数，用于从用户输入中获取关键字字符串。它的定义如下：

```
int acedGetKword(const ACHAR * prompt,ACHAR * result,size_t nBufLen );
```

其中，prompt 用于提示用户输入的字符串，result 用于存储用户输入的字符串指针，函数返回值为用户输入的结果状态码。用户输入结果状态码可能的取值及其含义如下：

1）RTNORM：用户输入了一个合法的字符串。
2）RTNONE：用户输入了空字符串或按下了<Esc>键。
3）RTERROR：输入过程中出现了错误。

函数调用成功后，result 指向一个新分配的字符串，该字符串存储用户输入的关键字字符串。需要注意的是，使用完这个字符串后，需要使用 acutDelString 函数来释放内存，以避免内存泄漏。

例如，下面的示例代码提示用户输入"yes"或"no"，并输出用户的选择：

```
ACHAR * result=nullptr;
  int ret=acedGetKword(_T("Do you want to continue? [Yes/No]:"),result);
  if(ret==RTNORM){
      if(_tcscmp(result,_T("Yes"))==0){
          acutPrintf(_T("You choose to continue.\\n"));
      } else if(_tcscmp(result,_T("No"))==0){
          acutPrintf(_T("You choose to quit.\\n"));
      }   else {
          acutPrintf(_T("Invalid input.\\n"));
```

```
        }
        acutDelString(result); // 释放内存
    } else if(ret==RTNONE){
        acutPrintf(_T("You cancelled.\n"));
    } else if(ret==RTERROR){
        acutPrintf(_T("Error occurred while getting input.\n"));
    }
}
```

在示例中，当用户输入"yes"或"no"时，程序会输出相应的信息。如果用户输入了其他字符串，程序会输出"Invalid input."。如果用户按下<Esc>键，则程序会输出"You cancelled."。如果获取输入过程中出现了错误，则程序会输出"Error occurred while getting input."。无论如何，最后都要释放 result 所指向的字符串的内存。

（5）acedInitGet 函数　在实际情况中，常常会遇到不同的流程。例如，在创建直线的过程中，会遇到输入一个点或者输入特定的关键字从而进入不同的选项的情况。这时就需要使用 acedInitGet 来控制输入的值。

acedInitGet 函数用于初始化命令行输入过滤器的选项和提示字符串。该函数的常用参数如下：

1）keywords：关键字字符串，用于定义用户输入时合法的关键字。
2）allowNone：设置是否允许用户输入空字符串或者按<Esc>键退出。

**2. 相关代码**

（1）示例　以下是三个简单的例子，分别接收点、实数和字符串作为输入。

```
void GetPoint()
{
    int rc=RTNONE;
    ads_point ptorigin{ 0,0,0 };
    ads_point pt;

    rc=acedGetPoint(NULL,TEXT("请选择一个点"),pt);
    if(rc==RTNORM)
    {
        acutPrintf(TEXT("选择点的坐标是:%f,%f"),pt[0],pt[1],pt[2]);
    }
}
```

代码解析：这段代码通过 acedGetPoint 函数获取用户输入的点坐标，并在控制台输出该点的坐标信息。该函数的参数中传入了 NULL 和提示信息，其中 NULL 表示接收用户在任意空间中选择点的操作，而提示信息"请选择一个点"会在 CAD 的命令行窗口中显示，提示用户输入相应的点坐标。若用户正常输入一个点坐标，该函数返回值为 RTNORM，程序将获取到的点坐标信息通过 acutPrintf 函数输出到控制台上。

## 第八章 用户交互

```
void GetReal()
{
  int rc=RTNONE;
  ads_real real=0;//是一个 double 类型
  rc=acedGetReal(TEXT("请输入线宽:\n"),& real);
  if(rc==RTNORM)
  {
      acutPrintf(TEXT("获取的数值是:%f"),real);
  }
}
```

代码解析：这段代码使用 acedGetReal 函数获取用户输入的浮点数值，并将结果打印出来。其中，通过传入字符串参数作为提示信息来引导用户输入，使用 &real 将获取到的值保存到 real 变量中。如果用户正常输入并确认，函数会返回 RTNORM，此时将获取到的值打印出来。

```
void GetString()
{
  int rc=RTNONE;
  TCHAR res[100];
  size_t size=5;
  rc=acedGetString(1,TEXT("\n 请输入一段字符串[Y/N]:\n"),res,size);
  if(rc==RTNORM)
  {
      acutPrintf(res);
  }
}
```

代码解析：这段代码用于实现获取用户输入字符串的功能。通过调用 acedGetString 函数，程序会弹出一个对话框，提示用户输入字符串。其中，第一个参数"1"为是否显示命令行，第二个参数"TEXT"为提示用户输入的字符串，第三个参数"res"为存放用户输入的缓冲区，第四个参数"size"为缓冲区的大小。如果用户在对话框中输入了字符串并按下 <Enter> 键，则函数返回值为 RTNORM，程序即可通过缓冲区获取到用户输入的字符串，并将其输出到命令行中。

```
void GetKWord()
{
  int rc=RTNONE;
  TCHAR res[100];
  size_t size=100;
```

```
    acedInitGet(NULL,TEXT("Y N"));
    rc=acedGetKword(TEXT("\n请输入一段关键字:[Y/N/W]"),res,size);
    if(rc==RTNORM)
    {
        acutPrintf(res);
    }
}
```

代码解析：这是一个在 ZWCAD 中使用 acedGetKword 函数获取用户输入关键字的例子。函数首先初始化 acedGetKword 函数的选项，然后调用 acedGetKword 函数以显示一个提示消息，要求用户输入一段关键字。如果用户输入了关键字并按下<Enter>键，函数将返回 RTNORM 并将输入的字符串保存到 res 数组中，最后使用 acutPrintf 函数将输入的字符串打印到命令行窗口中。如果用户取消了输入或输入无效，则函数将返回 RTNONE。这里的选项是通过提示文字里的内容控制的，如图 8-1 所示。

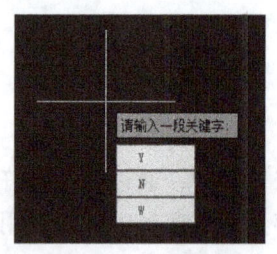

图 8-1 关键字提示

需要注意的是，使用 acedGetKword 函数时需要对用户的输入进行有效性验证，以确保输入的数据类型和格式正确。

（2）混合输入　在 CAD 二次开发中，除了简单的输入操作外，还需要应对一些复杂的数据输入场景，如需要输入多种不同类型的数据或者需要输入一些关键字来辅助输入。对于这些情况，可以使用 acedInitGet 函数对 acedGet×××类函数进行限制。例如，在混合输入场景中，可以使用 acedInitGet 限制 acedGetPoint 只接收特定的输入值，并使用 acedGetInput 来获取输入的信息。另外，如果需要输入一个关键字，可以使用 acedInitGet 来限制关键字的输入范围，并使用 acedGetKword 函数来获取关键字的值。

```
    void GetPointOrKWord()
    {
        int rc=RTNONE;
        ads_point ptorigin{ 0,0,0 };
        ads_point pt;

        acedInitGet(RSG_NONULL,TEXT("T Y 1"));
        rc=acedGetPoint(ptorigin,TEXT("请选择一个点<或输入[T][Y][1]>\n"),pt);
        if(rc==RTNORM)
        {
            acutPrintf(TEXT("选择点的坐标是:%f,%f"),pt[0],pt[1]);
        }
        else if(rc==RTKWORD)//表示输入的是关键字
```

```cpp
    {
        //获取信息
        TCHAR kword[20];
        acedGetInput(kword);

        acutPrintf(kword);
    }
    else
    {
        acutPrintf(TEXT("输入无效"));
    }
}
```

代码解析：函数 GetPointOrKWord 演示了如何同时获取用户输入的点和关键字信息。使用 acedInitGet 函数限制输入只能是指定的关键字和数字，然后通过 acedGetPoint 函数获取用户输入的点信息，如果用户输入了关键字，则通过 acedGetInput 函数获取关键字信息；如果输入的既不是点也不是关键字，则输出"输入无效"。

## 任务三  选 择 实 体

**1. 相关知识**

在 CAD 二次开发中，改变实体颜色是一个常用的需求。用户需要先选择一个实体，然后改变它的颜色。选择实体需要用到 acedEntSel 函数。

（1）acedEntSel 函数  acedEntSel 函数的定义为

```cpp
int acedEntSel(const ACHAR * prompt, ads_name entres, ads_point ptres);
```

acedEntSel 函数是 AutoCAD 中用于实体选择的函数之一。它的作用是弹出实体选择对话框，允许用户交互式地选择实体。其中，prompt 参数是要显示的提示字符串；ptres 参数用于存储选择点的坐标，如果不需要返回选择点，则可以将其设置为 NULL；entres 参数用于存储选择的实体名称，如果不需要返回实体名称，则可以将其设置为 NULL。

函数返回值为选择结果的状态码，常用的状态码如下：

1）RTNORM：正常选择一个实体。
2）RTERROR：出现错误，无法选择实体。
3）RTNONE：用户取消了选择操作。

在实际应用中，可以通过调用 acedEntSel 函数实现交互式选择实体。获得实体的名称后，可以通过 acdbGetObjectId 方法获取实体 ID。获取实体 ID 后，可以通过 acdbOpenObject( ) 函数打开实体对象，然后可以修改实体属性，如颜色、图层等。如果没有实体 ID，无法直接获取到实体对象,也就无法修改实体属性。因此,在更改实体颜色的过程中,获取实体 ID 是一个必要的步骤。

acdbGetObjectId 函数是用于获取给定实体名称 ObjectId 的。它接收一个字符串作为输入参数,该字符串是实体的名称,然后返回一个类型为 Acad::ErrorStatus 的错误状态。如果函数成功执行,则在输出参数 objectId 中返回实体的 ObjectId,否则返回错误状态。

使用 acdbGetObjectId 函数需要先初始化数据库,可以使用 acdbHostApplicationServices()→workingDatabase() 函数获取当前数据库的对象指针,然后调用其 openObject 函数来打开指定名称的实体,以获取其 ObjectId。

下面是一个示例代码,演示如何使用 acdbGetObjectId 函数获取给定实体名称的 ObjectId,部分代码如下:

```
Acad::ErrorStatus es;
AcDbObjectId objId;
AcDbDatabase *pDb=acdbHostApplicationServices()→workingDatabase();

//获取实体名称
const TCHAR *entityName=TEXT("myEntityName");

//获取实体的 ObjectId
es=acdbGetObjectId(objId,entityName);

if(es==Acad::eOk){
    AcDbEntity *pEnt;
    es=acdbOpenObject(pEnt,objId,AcDb::kForRead);

    if(es==Acad::eOk){
        //实体已经被打开,可以执行后续操作
        pEnt→setColorIndex(1);
        pEnt→close();
    }
}
```

代码解析:在这个示例中,首先获取当前数据库对象的指针,然后指定要获取的实体名称,再调用 acdbGetObjectId 函数来获取实体的 ObjectId,并根据返回的错误状态来判断是否成功。如果成功,可以使用 acdbOpenObject 函数打开实体并执行一些操作。在这个示例中,将实体的颜色设置为索引 1。最后,要记得关闭实体对象,以释放资源。

(2) acedSSget 函数  acedEntSel 只能选择单个实体,要一次选择多个实体,需要使用 acedSSget 函数。acedSSget 函数的定义为

```
int acedSSGet(
  const ACHAR * str,
  const void * pt1,
  const void * pt2,
  const struct resbuf * filter,
  ads_name ss );
```

acedSSGet 允许开发者从图形数据库中选择符合条件的对象。

str 参数描述创建选择集的方法。它可以是一个字符串，指定一组实体类型，或者是一个包含选择集方法的 resbuf 结构体。例如，当想要选择所有的线段和圆弧时，可以将 str 参数设置为"L, C"，其中"L"代表线段，"C"代表圆弧。

pt1 和 pt2 为相关的创建方式提供点参数。如果不需要指定，可以输入 NULL 作为参数值。例如，如果要选择一个矩形框内的所有对象，则可以将 pt1 设置为左下角的点，将 pt2 设置为右上角的点。

filter 用于指定选择实体的过滤条件。这个参数可以是一个包含选择集过滤条件的 resbuf 结构体。例如，可以使用 layer 过滤器选择指定图层中的实体。

ss 则指定要操作的选择集的图元名。选择集是一个名为 ads_name 的类型，它是由 acedSSGet 函数创建并返回的。可以使用该选择集对选择的实体进行进一步的操作，如更改它们的颜色或移动它们的位置。

在使用 acedSSGet 函数时需要注意，需要手动释放选择集的内存，即使用 acedSSFree 函数释放选择集内存，否则可能会导致内存泄漏问题。

所谓对象选择的方法，就是以某种方式从图形窗口中获得满足某些条件的图形对象。这里使用上面介绍的 acedSSGet 函数实现选择对象的方法。acedSSGet 函数的选择模式选项见表 8-1。

表 8-1  acedSSGet 函数的选择模式选项

| 值（选择模式） | 说明 |
| --- | --- |
| NULL | 单点选择（如果指定了 pt1）或者提示用户选择（如果 pt1 的值为 NULL） |
| # | 非几何选择模式（包括 All、Last 和 Previous 选择模式） |
| : $ | 仅提供提示（Prompts supplied） |
| . | 用户选择模式 |
| . ? | 其他回调选择模式（Othercallbacks） |
| A | 全部选择 |
| B | 框选模式 |
| C | 窗交选择模式 |
| CP | 圈交选择模式［选择多边形（通过在待选对象周围指定点来定义）内部或与之相交的所有对象］ |
| :D | 允许复制选择模式（Duplicates OK） |
| :E | 小孔中的所有实体（Everything in aperture） |

(续)

| 值（选择模式） | 说明 |
| --- | --- |
| F | 栏选模式 |
| G | 选择编组 |
| I | 获得当前图形窗口中已经选择的实体（PickFirst 选择集） |
| :K | 键盘回调选择模式（Keywordcallbacks） |
| L | 选择最近一次创建的可见实体 |
| M | 指定多次选择而不高亮显示对象，从而加快对复杂对象的选择过程 |
| P | 选择最近创建的选择集 |
| :S | 单一对象选择模式 |
| W | 窗口选择模式 |
| WP | 圈围选择模式 |
| X | 过滤选择模式 |

**2. 具体操作**

1）提示用户选择实体。

2）使用 PICKFIRST 选择集（在未执行命令时用户已经选择的图形集合，即在 ZWCAD 中先选择、再输入命令）、交叉（crossing）、多变性交叉（crossing polygon）、栅栏（fence）、最后一个（last）、前一个（previous）、窗口（window）、多边形窗口（window polygon）等方式，也可以指定一个点或者一系列点来明确地限定所要选择的实体。

3）指定选择实体所要满足的一系列属性和条件来过滤当前数据库，可以与前面的选择方式配合使用。

4）获取选择集之后，可以通过选择集→entName→实体 ID，获取实体的 ID。

```
for(int i=0; i < sslength; i++)
{
    //遍历选择集
    acedSSName(sset,i,ent);              //获得选择集第 i 位的 ent
    acdbGetObjectId(objId,ent);          //获得 ent 的 ID
    ……                                   //要做的操作
}
acedSSFree(sset)                         //释放选择集
```

5）筛选列表，在使用各种选择对象的方法时，可以使用过滤器来限定选择的对象。例如，可以指定仅选择图层 0 上的直线对象，也可以指定仅选择蓝色的半径大于 30mm 的圆等。

如果仅使用一个过滤条件，可以使用下面的代码：

```
struct resbuf rb;
TCHAR sbuf[10];                          //存储字符串的缓冲区
ads_name ssname;
```

```
rb.res type=0;                              // 实体名称
_tcscpy(sbuf,TEXT("CIRCLE"));
rb.resval.rstring=sbuf;
rb.rbnext=NULL;                             //不需要设置其他的属性
//选择图形中所有的圆
acedSSGet(TEXT("X"),NULL,NULL,& rb,ssname);
acedSSFree(ssname);
```

如果使用多个过滤条件，需要使用 acutBuildList 创建一个结果缓存区列表 acutBuildList（DXF 组码，值，……RTNONE），其中组码和值成对出现。

示例：

```
struct resbuf * rb;                         //结果缓冲区链表
ads_name ssname;
rb=acutBuildList(RTDXFO,TEXT("LINE"),       // 实体类型
8,TEXT("O"),                                // 图层
RTNONE);
//选择图形中位于 0 层上的所有直线
acedSSGet(TEXT("X"),NULL,NULL,rb,ssname);
acutRelRb(rb); acedSSFree(ssname);
```

筛选列表也可以表示逻辑关系。例如，若想选中直线或者文字就可以使用如下代码：

```
acutBuildList(-4,TEXT("<OR"),RTDXFO,TEXT("LINE"),RTDXFO,TEXT("TEXT"));
-4,TEXT("OR>",RTNONE);
```

其中，"-4" 代表逻辑运算符的 DXF 组码。

 【任务评价】

本章的任务涵盖了 CAD 二次开发中与用户交互和对象操作相关的基本功能。这些任务不仅为开发者提供了操作图形对象的基础知识，也介绍了与用户输入和实体对象选择相关的技术。

使用 acedCommand 函数和结果缓冲区创建圆，是学习如何控制 CAD 软件执行常规命令的基础，也是自动化常见绘图任务的起点。通过 acedGet×××进行点坐标、实数、字符串和关键字的输入，掌握与用户进行交互的基本方式，开发者可以创建更加动态和灵活的应用程序，能够根据用户的输入来调整行为。通过 acedEntSel 函数选择实体，理解用户是如何与图形对象交互的，能够让开发者在编写代码时选择单个实体，为后续的编辑或分析操作提供基础。使用 acedSSGet 函数选择多个实体则进一步拓展了选择功能，使得开发者能够创建更加复杂的选择集，以便进行批量操作或复杂分析。最后，学习过滤器 filter 筛选实体是高级对象操作的重要部分。它允许开发者在选择对象时应用特定的标准，这对于处理大型图样和复杂项目尤为重要。

## CAD二次开发

总体来说，本章的任务为开发者提供了一套完整的工具和方法，用于编程控制 CAD 软件中的对象和用户输入。这些技能对于任何希望开发自定义 CAD 工具或自动化特定任务的人来说都是必不可少的。通过这一章的学习，开发者可以构建出更加智能和高效的 CAD 应用程序。

## 【知识测试】

1. 请简要解释 CAD 软件中的命令和数据输入的基本概念和原理。
2. CAD 软件中的选择集操作是什么？为什么选择集操作对于绘图任务很重要？
3. 列举至少三种 CAD 软件中常用的命令和数据输入方式，以及它们的应用场景。
4. 如果要通过程序来操作选择集，实现对 CAD 中的图形的选取和编辑，具体步骤是什么？
5. 举例说明一个实际应用场景，描述如何结合 CAD 软件的命令和数据输入方式，以满足特定的功能需求。

## 【课后拓展】

1. 深入学习 CAD 命令：选择几个常用的 CAD 命令，如绘图命令、修改命令等，深入了解其具体功能、使用方法和参数选项，并通过实际操作和练习熟练掌握。

2. 深入学习 CAD 数据输入方式：了解 CAD 中不同的数据输入方式，如坐标输入、相对距离输入、极坐标输入等，学习它们的具体用法和应用场景，并通过练习提高数据输入的准确性和效率。

3. 拓展选择集操作技巧：进一步学习选择集操作的高级技巧，如通过过滤条件选择对象、创建动态选择集、使用选择集进行编辑和分析等，掌握更多选择集的应用方法。

4. 自定义命令和脚本：了解 CAD 中自定义命令和脚本的创建方法，学习如何通过编写自定义命令和脚本来实现特定的功能需求，并将其集成到 CAD 工作流程中。

5. CAD 命令流程优化：选择一个复杂的 CAD 任务，分析其中的命令流程，探索如何优化命令的使用顺序和组合，提高工作效率和准确性。

# 参 考 文 献

[1] 董玉德，赵韩. CAD 二次开发理论与技术［M］. 合肥：合肥工业大学出版社，2009.
[2] 王玉琨，任卫红，茅艳，等. CAD 二次开发技术及其工程应用［M］. 北京：清华大学出版社，2008.
[3] 布克科技，姜勇，周克媛，等. 中望 CAD 实用教程［M］. 北京：人民邮电出版社，2022.
[4] 姜勇，周克媛，董彩霞. 中望 CAD 机械版实用教程［M］. 北京：人民邮电出版社，2023.
[5] 孙琪，胡胜. 机械制图与中望 CAD［M］. 北京：机械工业出版社，2021.
[6] 胡胜，孙琪. 机械制图与中望 CAD 习题集［M］. 北京：机械工业出版社，2021.
[7] 毛江峰，强光辉. 机械绘图实例应用：中望机械 CAD 教育版［M］. 北京：清华大学出版社. 2016.
[8] 姜勇，周克媛. 边做边学：中望 CAD 2014 建筑制图立体化实例教程［M］. 北京：人民邮电出版社，2020.
[9] 钟日铭，苏再军. 零部件测绘与 CAD 成图技术：基于中望软件［M］. 北京：人民邮电出版社，2022.
[10] 天工在线. 中文版 AutoCAD 2020 电气设计从入门到精通：实战案例版［M］. 北京：中国水利水电出版社，2020.